U0533063

HIGH ON LIFE

情绪鸡尾酒

从多巴胺到内啡肽，调配幸福秘方

David JP Phillips
[瑞典] 戴维·J.P. 菲利普斯 著
汤玉吉 译　于也然 译校

中信出版集团 | 北京

图书在版编目（CIP）数据

情绪鸡尾酒：从多巴胺到内啡肽，调配幸福秘方 / （瑞典）戴维·J. P. 菲利普斯著；汤玉吉译. -- 北京：中信出版社，2025.1（2025.4重印）

ISBN 978-7-5217-6951-7

Ⅰ. B842.6

中国国家版本馆CIP数据核字第20240JE930号

SEX SUBSTANSER som förändrar ditt liv
Copyright © 2022 by David JP Phillips
This edition arranged with ENBERG AGENCY AB
through Andrew Nurnberg Associates International Limited
Simplified Chinese translation copyright © 2025 by CITIC Press Corporation
ALL RIGHTS RESERVED
本书仅限中国大陆地区发行销售

情绪鸡尾酒——从多巴胺到内啡肽，调配幸福秘方
著者：[瑞典]戴维·J. P. 菲利普斯
译者：汤玉吉
译校：于也然
出版发行：中信出版集团股份有限公司
（北京市朝阳区东三环北路27号嘉铭中心 邮编 100020）
承印者：三河市中晟雅豪印务有限公司

开本：880mm×1230mm 1/32　　印张：8.5　　字数：160千字
版次：2025年1月第1版　　　　　印次：2025年4月第2次印刷
京权图字：01-2024-5528　　　　 书号：ISBN 978-7-5217-6951-7
定价：59.00元

版权所有·侵权必究
如有印刷、装订问题，本公司负责调换。
服务热线：400-600-8099
投稿邮箱：author@citicpub.com

CONTENTS

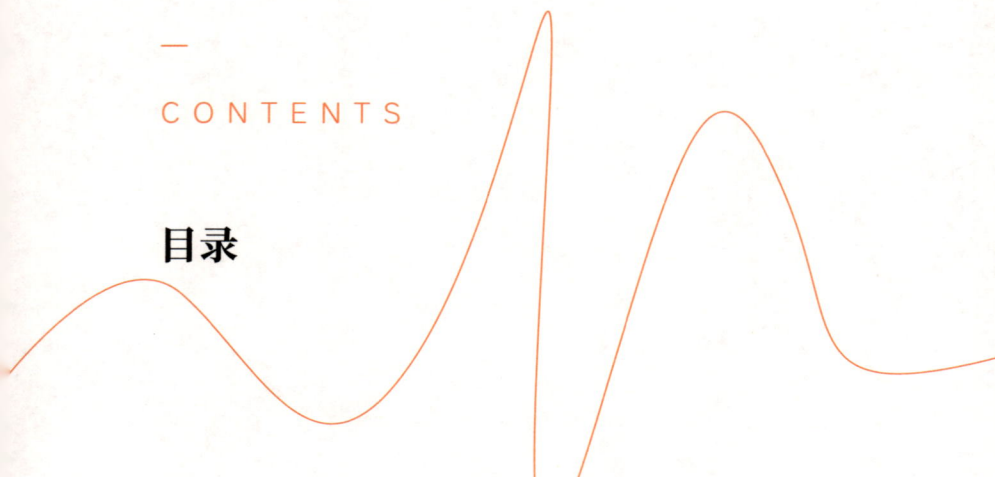

目录

V　　引言

001　　**第一部分　如果改变情绪是件轻而易举的事**

011　　第一章　多巴胺——驱动力和愉悦的源泉
　　　　如果你缺乏动力，那么保持多巴胺平衡会让你动力满满。

045　　第二章　催产素——人际关系与人性的调节剂
　　　　提高催产素水平会让你充满同情心、慷慨大方，并与他人建立联结。

079　　第三章　血清素——创造满足感与好心情
　　　　如果你想摆脱情绪过山车，血清素是你获得持久幸福与和谐的基础。

107　　第四章　皮质醇——压力面前，保持专注、兴奋还是恐慌？
　　　　缺少额外的动力迎接挑战？适量皮质醇可以帮你摆脱舒适区。

143　　第五章　内啡肽——让兴奋和刺激点缀生活
　　　　感到无聊时，多微笑或者流汗，让内啡肽流动起来。

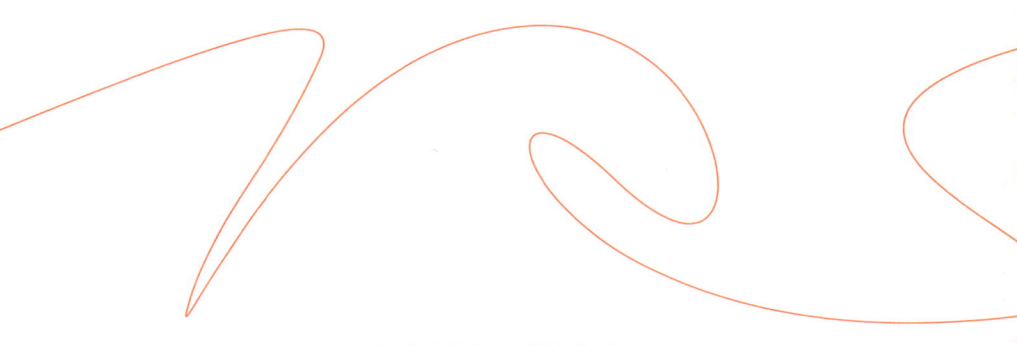

157　第六章　睾酮——体验自信与胜利的感受
　　　如果你想自信满满地参加一个重要的会议，睾酮是你的强大帮手。

173　第七章　美好生活的基本要素
　　　如何"调配"六种关键激素，以应对生活中的不同情境？

207　第八章　痛苦的日子为何难以扭转
　　　如何摆脱难以察觉的六种消极情绪状态？

215　**第二部分　创造你的未来**

225　第九章　迎接新生活
　　　幸福不是一件容易的事，你的选择决定你的未来。

229　**致谢**

231　**参考文献**

—
INTRODUCTION

HIGH
ON
LIFE

引言

有时，你许下的愿望确实会实现——只是并非你所期待的那样！

在2015年11月的一个阴沉的秋日，我的生活发生了天翻地覆的变化。我和妻子玛丽亚正在外面散步，经过一座桥时，突然，一种从未有过的感觉涌上心头。我停住了脚步，因震撼僵立在那里。玛丽亚如往常一样偏过头来看着我，问："亲爱的，怎么了？"我竭尽全力向她描述我的感受。她笑了笑对我说："我觉得，这就是幸福的感觉。"5分钟后，那种感觉消失了，熟悉的黑暗与空虚似乎又卷土重来。那一刻，我意识到，自成年以来，我从未有过这种幸福感。然而，我和这种幸福之间的故事，其实早在那一天之前就已经开始了。

几个月前，我像往常一样去哥德堡做演讲。那次我演讲的主题是沟通，恰恰是这个话题，让我接下来要讲的事情变得更加尴尬。讲完前半部分后，我宣布中场休息。我停下手中的事，坐在电脑前，这是我们演讲者在中场休息时常采用的一个策略，期待着有人会走过来拍拍我们的肩膀，夸赞我们一番。这能让我下半场演讲更有动力。果不其然，我瞥见一位女士向我走来。然而，她犹豫不决的步伐，以及小心翼翼靠近的方式，清楚表明我即将收到的绝对不是恭维。正如我所料，她对我说："我想说，你在所有的例子中把我们的名称说成了我们竞争对手的名称。"我尴尬得想找个地缝钻进去……怎么会发生这种事？我可是一个能说会道的演讲者。在每次开口说话之前，我都会非常小心地斟酌每一个词。然而，这已经不是第一次发生这种情况了。

　　在回家的火车上，我心想："我的演讲职业生涯就此结束了！如果我连自己在说什么都不清楚，我还怎么能以演讲为生呢？"哥德堡的这件事就是压垮骆驼的最后一根稻草，于是我再次联系了我的家庭医生。

　　"大卫，我上次跟你说过什么？"他带着明显责备的语气对我说，"你两年前就跑到这里，跟我抱怨你的脸抽搐了。我告诉过你，这些小毛病是由压力引起的，你需要放慢节奏，少忙些事情，多休息。然后，你去年又来我这里，跟我抱怨你的胃和心脏出了问题。那时我还是跟你说了同样的话。现在，你又回来了，告诉我你的神经系统出了问题！我还能跟你说什么呢？如果你还不改变你的生活方式，可能会导致无法挽回的后果。据我估计，你至少需要三年的时间才能完全恢复——而且没有任何捷径,所以你不用想别的了!"

我夹着尾巴狼狈地逃回家,泪水模糊了我的双眼,我把那个曾经所向披靡的自己埋在被窝里。接下来的两个月,我几乎没能从床上爬起来。我陷入了前所未有的抑郁中,状态一落千丈。2016 年那个夏天,我几乎每天都在哭。每一天都感觉生活比前一天更加无意义,什么都不能引起我的兴趣。我唯一坚持的习惯就是每晚祈祷,祈祷自己第二天早上不要再醒来,就这样永远长眠下去。很多人关心我,想帮我,但是都无济于事。直到有一天,这种日子结束了。玛丽亚的一番话改变了我的生活,也为我的自我领导力课程以及这本书中第一个也是最重要的工具——压力量表——奠定了基础。

现在,我想带你回到本书开头提到的那句话:"有时,你许下的愿望确实会实现——只是并非你所期待的那样!"我是一名国际演讲者、教练和教育家。在此之前,我将我成年之后的全部人生都献给了我的职业领域,即基于神经科学、生物学和心理学的沟通与交流。我和我的团队一起花了 7 年时间研究了 5000 名讲师、主持人和演讲者,总结出有关沟通与交流的 110 种不同方式。我花了两年时间撰写的"110 种沟通和公共演讲技巧"的 TEDx 演讲,收获了 TEDx 故事陈述类有史以来最高的点击率,我成为第一批通过讲述不同的故事来触发听众特定神经递质和激素的人。我在这里絮絮叨叨的目的不是向你详细介绍我的简历，相反，我想强调的是，尽管我掌握了所有这些工具、技术和方法，但到目前为止，我也仅能使客户的潜力提升至 70% 左右。要达到 100%，到底还缺少什么？我明明已经倾囊相授了呀！这一切都非常令人沮丧。我花了差不多 10 年的时间，苦苦寻遍世界的每一个角落，只为找到一个成功的秘诀，让我能够帮助所有听我演讲、培训和指导的人真正最大限度地发挥出他们的潜力。我知道我会成功的，我知道我会在某个不起眼的角落找到那把关键的钥匙，只是现在的我还没有找到。

它不是藏在某本书里，也不在某个专家手里——这把钥匙就在我自己身上。我并不是说它一直安安分分地待在某处，静待我发现，相反，我已踏破铁鞋。就我而言，我经历了十多年的绝望，自杀的冲动反复涌现，整个夏天都躲在黑暗中哭泣——然后，我站在桥上，在那 5 分钟里我感受到了前所未有的幸福，那时，那把钥匙才悄然现身——它就像亚瑟王的神剑一样，从水里冒了出来。彼时彼刻，我甚至没有意识到那就是我苦苦追寻的东西，我真的找到了它。

让我们把时间倒回到那座桥上，回到那幸福的 5 分钟。那种感觉就像是第一次看到颜色，或者第一次闻到气味一样。你大概也能猜到，当那种感觉消失后，我有多想再次体验它。它点燃了我心中的火花，或者更确切地说，它引发了一场火山爆发。从那以后，再也没有什么能阻止我了！我记得我们散步回来后，我跑进办公室，把我最近经历过的、可能引发这种幸福状态的事情都写下来。我用了一个可以解决世界上任何问题的工具——Excel——把我做过的所有事情，每件事怎么做的，什么时候做的，都记录下来。不出所料，那股火花激发了我充满活力甚至可以说是狂躁的一面，我几乎整整5天没有睡觉。在那些日子里，我阅读了许多关于这个主题的研究报告和书籍，在白板上进行头脑风暴、做笔记，还在Excel里制定了详细的时间表。我偶尔也强迫自己去睡觉，但总是在一个小时左右就醒来，然后继续我的自我领导力研究。5天后，我找到了我的救赎之道，我的"生活2.0"秘诀。

接下来的几个月，我一直在练习我发现的方法。一个多月后，那种醍醐灌顶的感觉突然又来了，我感受到幸福的时间从10分钟变成了20分钟、40分钟，甚至60分钟。几分钟变成了几小时，几小时变成了几天，到了第二年1月，也就是我在桥上顿悟后的半年左右，我的状态改变了，我感受到的几乎都是积极的时刻。那一年是我过得最好的一年。我就像是拿到了通往神奇仙境的钥匙，拥有无尽的激动和喜悦的泪水。

出于好奇，我开始教我的客户体验我试过的技巧，就在那时我意识到，我真的找到了我一直在寻找的钥匙。经我指导和培训的客户，进步比我更快，并发挥出他们作为领导者、教师、医生、演讲者或销售人员的最大潜力。但这还不是全部，我还发现，他们在个人生活中也成长了，变成了真实的自己。他们真的发挥出了100%的潜力。这就证明我的方法和经验也适用于他人！这把钥匙，或者说，这些钥匙，就是我打算在这本书里给你的。你会读到我的经历、我从我指导的世界各地的数万名学员那里总结的教训，以及这段旅程中涉及的很多研究。亲爱的读者，我向你承诺，如果你将这本书里最重要的技能和工具真真切切地投入使用，并且坚持每天花时间练习和应用它们，那么在6个月内，你将见到一个全新的自己，你将重回那个阔别已久的美丽世界。

接下来的几页，我还会不断提到自我领导力的概念。这也是本书的核心内容：学会自我领导、学会根据自己的需求和想法主动选择自己的情绪和状态。比如，你即将主持一个需要果断决策的会议，那么会议的结果可能就取决于你对此次会议的信心。就我们即将讨论的六种物质而言，这意味着，会议结果取决于会议前你的睾酮和多巴胺水平的高低。

现在，你可能会好奇，"自我领导力"和一般的"领导力"之间有什么关系呢？我首先问你一个问题：你有没有遇到过拥有强大自我领导力的人？他们仿佛能在任何情况下，将你、将周围的人，还有将自己都照顾周全。有这种自我认识和自我领导力的人，几乎会自然而然地成为团队的领导者。人们愿意追随这种人，是因为发自内心地崇拜他们，而不是被迫使然。相反，一个缺乏自我领导力的人，往往连自身的情绪都管理不好，只会被动等待外界的刺激，而不会主动出击。这样的人时常让别人感到焦虑，即使成为团队领导，跟随他们的人也并非心甘情愿，而只是因为别无选择。

PART ONE

HIGH ON LIFE

第一部分

**如果改变情绪是件
轻而易举的事**

你坐上吧台前的高脚凳，破旧的皮革座椅年复一年见证着来来往往的人酒醉后的失意与喜悦。酒吧的气味大同小异：些许刺鼻，些许陈旧。

你斜靠在吧台上，很快就引起了调酒师的注意。"来一杯天使鸡尾酒，谢谢！"

调酒师抬头看着你，眼中充满好奇。"太好了！眼下正流行喝这个！你还需加点什么吗？"

你告诉她，你需要一点动力振奋一下情绪。"请给我加点多巴胺和血清素，谢谢！"

过了一会儿，她端着你点的酒回来了，杯子摆在一盏金色托盘上，显得很有仪式感。这是一个非常漂亮的马提尼酒杯，鸡尾酒并没有用你所预料的绿橄榄做装饰，而是一片鲜黄的菠萝。

"祝你开怀畅饮！"

想象一下，如果改变感觉是如此轻而易举的一件事：你只要离开家去附近的酒吧，描述你想要的感觉，付点钱，一饮而尽，然后就能带着一种全新的状态回家。现在，再想象一下，要是可以更简单呢？如果说你的大脑中有一个化工厂，在你需要的时候，它就可以产生六种物质来随心所欲地制造你想要的特定感觉——而且完全免费！惊喜吗？这是真的！这也是我想在本书中告诉你的：你可以成为自己的调酒师，随时调整自己的情绪。你是想享受多巴胺和去甲肾上腺素带来的活力，还是需要一点催产素，令自己全情投入？你是想来点放松身心的血清素，抑或是带来快乐的内啡肽，还是带来自信的睾酮？这些都是你说了算。

然而，在当今社会，更多的人点的是"魔鬼鸡尾酒"并沉迷其中，这也不足为奇。这意味着，他们让自己长期处于高强度的压力中，自然而然地，焦虑、失望和沮丧也随之而来。他们生活在毫无感情的荫翳之中，像被困在一个虚无的巨大泡泡里，每一天都是千篇一律，生活只是在日复一日地继续，没有什么事情值得开心庆祝。然而，"魔鬼鸡尾酒"喝多了，会导致这种状态进一步演变为烦躁不安、焦虑和长期抑郁。人们可能自己都不知道为什么会选择喝"魔鬼鸡尾酒"。在我看来，这主要有三个原因（当然也存在其他原因）：

- 第一个原因是，在这方面，他们没有受到更好的教育。我们的学校似乎从来没有教过这些，哪怕它们可能是我们能学到的关于生活最重要的一课：什么是情绪，我正在经历哪些情绪，它们是如何影响我们的；更重要的是，我们如何才能学会控制自己的情绪。我们的情绪会影响我们所做的一切，正是这一点使其成为我们的人生必修课，而且比我们在学校学到的任何课程都重要得多。

- 第二个原因是，在我们所创造的社会中，成功往往是用金钱来衡量的。人们总是不断追求更多、永无止境。这种追求带来的满足感似乎远比平稳安逸的生活更重要。
- 第三个原因是，近朱者赤，近墨者黑。如果你的朋友每天都在喝"魔鬼鸡尾酒"，永远处在压力、坏消息的包围之中，永不停歇地和他人攀比，追求更多，并且极少获得满足感，那么，你最终也可能落到和他们一样的田地。别太惊讶，这跟吸二手烟是一个道理。

我设法摆脱了忧郁的状态，并且在这个过程中学到了一些新知识。我明白了如何从生物学和神经科学层面解释我产生的所有这些情绪，这对我的研究来说至关重要。即使你现在状态很好，心情愉悦，本书中的知识对你来说仍然有用。它可以开阔你的人生视角，告诉你如何做好自己，或是如何扮演好领导、伴侣、朋友、父母的角色。在我所教授的每一门课程中，总会至少有一位学员这样说："我们可能活了大半辈子才明白一种情绪的真正含义，而且竟然可以根据自身情况选择情绪，这太不可思议了！"有一次，有学员说："接触这些知识就像第一次看到彩色电视机一样让人震撼。"说这些话的时候，他们都含着眼泪。然而，对我影响最大的评论来自那些已为人父母的学员。最近，一位叫约阿基姆的父亲告诉我，他6岁的儿子西奥多非常容易发脾气，总是很不开心。这位父亲告诉他儿子，情绪会被内心想法唤起，我们可以选择自己的想法。然后，他建议他们一起尝试改变自己的想法。西奥多跃跃欲试，表示同意。几分钟后，他露出了无比灿烂的笑容，并告诉他的父亲："看，看，有用呢，爸爸，看着我！看我多开心！"你想不想像西奥多和他的父亲约阿基姆这样，将你从本书中领悟到的东西教给你的孩子？想象一下，如果我们都明白"我们其实并不受情绪主宰，情绪在很大程度上是我们对自己和世界的一种临时起意，而实际上我们可以自由支配我们的想法"这个道理，世界将多么美好！

通常我们可以通过自己的想法来选择不同的情绪。我们所选择的情绪，主要经由这样一个过程而产生：被称为神经调质的物质将特定的神经元"轻推"到不同的方向，随后，其催生的各种情绪又给我们带来不同的体验。实际上，除了神经调质，还有更多的物质参与其中。总的来说，你体内大约有50种激素和100种神经递质在起作用，许多图书和文章都详细介绍过它们。我强烈推荐你去深入了解生物化学的世界——这甚至比看最新的畅销谋杀悬疑片更令人兴奋！然而，本书并不适合那些希望花大量时间对已取得的各种科学发现进行详细学术研究的人。这是一本科普读物，旨在提供一个简单的说明，帮助每个人了解体内的生物化学反应如何影响我们，以及我们又如何反过来控制它们。人们总是陷入同一个误区：当知识体系变得越来越复杂，人们宁愿冒着令其变得更加晦涩的风险强加解释，也不愿把它说得更通俗易懂。生物化学这门学科便深受其害。此前，当人们提起相关话题时，总是讲得高深莫测、玄之又玄，但现在，我看到了我课堂上数以万计的学员对它感兴趣，我深受鼓舞，决心要努力纠正这种情况——是时候让所有人都了解这些知识了。本书的主要内容——你的情绪，可以说是你生活中最重要的事情，因此我希望这本书尽可能简单易懂。如果你想更加深入地了解我谈及的内容，那么你也可以参考我在本书末尾列出的大量参考资料，进一步阅读与学习。

言归正传，如果我们的情绪反应涉及数百种物质，为什么在本书中我只选择其中六种呢？我之所以选择它们，是基于三个明确的条件：

- 我希望这种物质能立刻产生明显的效果。
- 我希望这种物质能随时按你的意愿产生。
- 我希望这种物质能通过使用简单实用的工具获得。

这就是为什么其他约 150 种物质没有入选的原因：它们无法通过简单、实用的工具按需产生明显的心理影响。例如雌激素和孕酮，这是对所有人都非常重要的两种激素，但一般人很难简单有效地触发它们。

为了让你更容易将本书的内容应用到实践中，我在书中只会指出每项活动中六种物质所带来的最显著的心理影响。在特定活动中，这六种物质中的一种及以上往往会同时被触发释放。但是，它们不是被等量释放，因此产生的心理影响也不完全一样。举个例子，如果你想要体验人与人之间的亲密关系，从所爱的人那里得到一个拥抱，那么这种活动就会触发催产素和多巴胺的释放，但其中你最渴望的是催产素（亲密关系）。在这种情况下，催产素会产生最重要的作用，这就是我以这种方式来组织这本书的原因。

最后，在我们开始这段旅程之前，我想告诉你为什么本书最短的部分，也就是第二部分，或许是最重要的。在第一部分，我介绍了生理学和神经化学等基础知识，以及如何使用这六种物质随时随地为自己调制一杯"天使鸡尾酒"。但是,这杯"天使鸡尾酒"的效果只是暂时的。这些临时效果在会议、约会、做演示和你生活中的其他场合会有作用,但最多只能持续几个小时——少数情况下,可能会持续一两天。这就是第二部分的重要性所在。第二部分虽然比第一部分的篇幅短,但它的内容极富价值,不可小觑。在第二部分中,我会告诉你如何利用神经可塑性与重复行为来让自己产生更持久的改变,从而调制出一杯不用续杯的鸡尾酒,它的效果将长伴你身!将第一部分和第二部分的内容结合起来学习,你将获取自身所需的无价知识,你也会以从未想象过的方式成长和发展你的个性。而且,最吸引人的是,我还会教你如何为别人调制一杯"天使鸡尾酒",这项技能对你的领导力以及你最重要的人际关系都有好处。

为了让你不觉得这本书太晦涩难懂,我想强调一下,这本书的目的不是让你每一刻都去冥想、锻炼、吃健康饮食、产生内啡肽、冲冷水浴、看孩子的照片、每晚享受至少19%的深度睡眠、改变饮食以丰富微生物群,甚至慷慨大方地对待每一个人。你可以把这本书当作一本百科全书、一本手册,或一份自助餐。我建议你时不时地从中挑选一两个建议去实践,这样它们就可以慢慢地成为你生活方式的一部分。

本书中提到的方法和工具,旨在让你成为更好的自己,其中提到的见解和知识有可能从根本上改变你的生活。但是，即便如此——如果你现在感觉非常痛苦，不管是正面临严重的健康问题，还是正与抑郁症做斗争，你就应该向专业医疗保健人员寻求帮助。

让我们开始吧！

第一章

多巴胺
—— 驱动力和愉悦的源泉

是时候来介绍我们的第一种神奇物质——多巴胺了。

想象一下，早上醒来是否常常会有这样一种冲动："我想做这个，这肯定会很棒，我等不及了！"可能你会直接冲个澡，然后穿上衣服，尽快开始新的一天。你所感受到的正是多巴胺在大脑中自然流动的感觉。你仿佛变成了一匹奔腾的野马，兴高采烈地迎接即将到来的春天，这种感觉真是太美妙了！

再试想一下，如果你能够按照自己的意愿产生和控制这种感觉，那么你就能够在更长的时间里、以更大的强度享受更多的多巴胺流动。这正是你即将学到的内容。读完本章后，你的生活可能会发生翻天覆地的变化。一旦你意识到，如果正确引导多巴胺可以赋予你不可思议的力量，你就会发现自己想以不同的方式行事为人。然而，如果多巴胺被误用，它会带来空虚、易怒、沮丧、成瘾和抑郁等负面影响。幸运的是，为了避免这种情况，你只需要有一个引导多巴胺的愿望和一些必要的知识。

让我们从了解多巴胺的进化目的开始探索吧。我们的旅程始于一间由猛犸象牙、树枝和黏土堆砌而成的简陋小屋。这是25 000年前的一个平凡的星期二。你的一位祖先——让我们暂且称他为邓肯吧——在他的草床上睡觉时被一道无情的阳光唤醒。他竟然是被太阳而不是他咕噜咕噜的肚子叫醒的,这真是奇怪。但是当他完全清醒的那一刻,他发现自己饿得不行。一番思考后,他意识到家里没有任何可以吃的东西,但他知道不远处有一片沼泽地,那里长着鲜美多汁的金黄色云莓。一想到它们,他的大脑就开始释放多巴胺,而他则立刻感觉到一股干劲和专注感涌上心头。

去往沼泽地的路很艰险,要穿过不少的灌木丛。但是"寻找云莓"始终是他心中的第一目标,因此他体内涌动着高水平的多巴胺,确保自己有足够的动力继续前进。经过很长一段时间,他终于到达一个可以俯瞰贫瘠沼泽的山顶。他急切地在附近寻找他心仪的金色浆果,却发现它们已经被摘光了。

他的多巴胺顿时消失了,取而代之的是未能满足期望的痛苦。他叹了口气,坐在一棵倒下的树上,感到一阵可怕的空虚。他该怎么办呢?他需要食物!就在这时,他发现不远处的树上有一个苹果。他的动力重新被激发,他的多巴胺再次涌现。

那个苹果是他的了!他冒着风险爬过树枝和岩石,终于夺得了他的奖赏。他坐下来,咬了一口香甜的野生苹果。他享受着由升高的血糖、减轻的压力和少量的多巴胺混合而成的奖励型"鸡尾酒"。这一切让邓肯感觉极好,但不幸的是,这种快乐只持续了一会儿。为了鼓励他继续寻找更多的苹果,他的多巴胺水平开始降低,甚至比找到苹果之前的多巴胺水平还低。在缺乏多巴胺的情况下,邓肯突然感到一种强烈的空虚,这激励他去寻找更多的苹果。这也驱使他去收集过冬的食物,修缮他的小屋,让他的草床更加柔软舒适。他渴望改善自己的环境,取得进步,这将有助于生存并将他的基因传递下去。

现在,让我们把时间快进 25 000 年,回到当下。

你其实并没有那么饿,但你突然觉得非常想吃冰激凌、糖果和薯片。你开车出门,开了一段不短的路去买东西。可是,当你到商店时,它已经关门了,你感到一种前所未有的空虚。你的内心仿佛有一个洞,需要被填满。下一家商店也关门了,这让你更加坚定了你的决心——你一定要找到一家还未打烊的商店。果然,下一家店还没关门!你的多巴胺水平飙升,你感到无比满足。你马上就要……但是,很不幸的是,你把钱忘在家里了!你的多巴胺水平骤降。在找到钱包之前,你的多巴胺一直维持在很低的水平。当你意外发现钱包其实就在车里,你终于松了一口气!你付了钱,迫不及待地想回家——说实话,你可能还没到家就开始吃零食了。你享用着零食,直到吃完为止。可是,不久之后,你就不再觉得那么好了。此时，你的多巴胺已经降到了基线以下，即你出门前的水平。多巴胺的减少可能会让我们感到空虚，这会促使我们在其他地方寻求它——也许是从我们的智能手机上令人愉悦的多巴胺刺激应用程序中，也许是从电视节目中。这个循环会让我们变成不断追求快乐的人，永远在寻找多巴胺。邓肯也是如此，对他来说，这促使他收集了一些苹果，为过冬修缮了他的小屋，并把他的床布置得更加舒适。

虽然我们的生物奖励系统在这 25 000 年里没有发生什么大的变化，但我们创造的社会却发生了很大变化。在我们当前所处的世界，有很多多巴胺的来源，而这些在当时是不存在的。在邓肯的时代，多巴胺的作用就是创造更有利于生存的环境。我不是说我们不能享受让我们不断行动的"不必要的"多巴胺来源——我没有这个意思！我也会看电视节目，偶尔吃点冰激凌，看电影时当然也少不了爆米花。我想说的是，懂得多巴胺如何工作是一项基本的生存技能，尤其是在我们所处的这样一个社会中。在这里，多巴胺盗贼——我一会儿会提到——潜伏在每个角落，肆无忌惮。

那么，多巴胺对我们有什么作用呢？作为天使鸡尾酒的一种成分，多巴胺能激发我们的动机、催生行动力与欲望，让我们获得愉悦感，还能帮助我们形成长期记忆。从技术角度来说，大脑内部有四条多巴胺通路，但我们在这里只关注其中两条：一条调节奖励，一条调节意志力和决策等执行功能。

让我们先了解一个重要概念：多巴胺基线。斯坦福大学的教授兼大脑研究员安德鲁·D. 休伯曼对此给出了精彩的解释。为了让我们在搜索、学习和取得进步方面投入更多的精力，多巴胺水平在这些活动之前和期间都会升高，但在活动之后却会降到低于基线的水平。让我们用 1 到 10 的等级来说明。每个人的基线都是独一无二的——在一定程度上，这是一种与生俱来的特质。不过，在这个例子中，基线是 5。假设你做了一些让你的多巴胺水平上升的事情，比如在社交平台上看了一个有趣的视频，这会让你的多巴胺水平上升到 6。在你看完视频后，你的多巴胺会立刻降到 4.9，以鼓励你"继续寻找"。于是，你又看了一个视频，和第一个一样你仍很喜欢，但是由于你是从较低的水平（4.9）开始的，所以这次你的多巴胺水平只上升到了 5.9，然后又降到了 4.8。就这样，一个接一个的视频，直到你对视频失去了兴趣，因为你觉得它们不再像开始时那样有趣。你的多巴胺基线已经降到了 4，客观地说，你感觉比开始浏览之前更糟糕。

你可能亲身经历过这条规则的例外。有时，多巴胺效应会让我们事后更有活力、更有积极性。那么，是什么导致了这种差异呢？如果你看的视频都是真正激励人心的，你会觉得比以前更有活力。此时，我们不妨把它看成两种不同的多巴胺：快多巴胺和慢多巴胺。我要说明一点：其实多巴胺没有"快"或"慢"之分，这只是我用的一个比喻。我指的是释放的多巴胺产生的效果，它对你的影响可能是持久的，也可能是短暂的。这跟慢碳水化合物和快碳水化合物的概念类似。快碳水化合物，比如白面包、意大利面和糖，会让你快速提升能量，但很快就会下降。这跟上面看短视频的例子一样。慢碳水化合物，比如黑面包、小扁豆、糙米和谷物，会给你持久的能量。那么，是什么触发了慢多巴胺呢？是那些将来对你真正有用的活动和经历，它们的好处超出了当下。我们再重复一遍——这是一个重要的观点：带来慢多巴胺的是那些将来对你真正有用的活动和经历，它们的好处不止于当下。按照这个定义，我们祖先经历的大部分事情产生的都是慢多巴胺。

我们来看一些带来慢多巴胺的例子。

看有教育意义、充满正能量或能激励你的视频，可能会给你带来长期的动力，它可以激发你改变或创造某些东西的愿望。它可以帮助你在生活中取得进步。相反，快速刷过数百个只有短暂娱乐性的视频，会让你看完后感到空虚。

阅读小说显然也是一种慢多巴胺活动，因为阅读的影响比短暂的阅读体验要持久得多。阅读还能锻炼你的眼部肌肉、想象力和大脑的大部分区域，因为你要想象书中的场景。阅读还会调动你的记忆力，因为你要记住书中描述的事件和人物，以便继续阅读。

学习同样会产生慢多巴胺。知识有助于训练你的记忆力，而新知识还能培养创造力。因为新想法往往是旧想法的某种全新组合。知识可以帮助你更好地了解这个世界，知识还可以让你在各种社交场合与他人交流。此外，你的知识越丰富，你能记住的相关知识就越多，你越能坚持不懈地学习。

进行体育锻炼也会释放慢多巴胺。事实上，锻炼有无数的好处，我要提几个重点：锻炼可以降低患心血管疾病的风险，增强体能，改善睡眠，增强神经可塑性，增强免疫系统，它还是保持心理健康的最重要因素。

性行为也会释放慢多巴胺。自愿性行为的好处在于，它可以在 48 小时内改善你和你的伴侣对你们关系的看法。性行为是心血管锻炼的一种形式，它本身就能产生一种出色的"天使鸡尾酒"，因为它还能提高你的血清素和催产素水平。

演讲时，我经常开玩笑地说，在家用电视进入我们的生活之前，我们做的大多数事情都是慢多巴胺的良好来源。当我问我的听众，在电视广告和互联网侵入他们的生活之前，人们常做些什么时，我得到的回答往往是：社交、培养兴趣爱好、在家做饭、阅读书籍和杂志、下棋、做手工、做园艺、跳舞、制作东西、玩填字游戏等。然后，总有人笑着说："我们以前总是一口气听完整张专辑！"是的，我们确实是那样。曾经有一段时间，把一张新专辑带回家，放进CD播放器，几乎是一种神圣的仪式。我们会先清除所有干扰，然后一首接一首地静静地听。

但那似乎是很久以前的事了。我们现在生活在一个新世界，一个靠快多巴胺运转的世界。实际上，这个事实是产生许多问题的根源。这里的主要挑战是，与快多巴胺来源相比，慢多巴胺来源通常需要更多的能量和我们的积极管理。而你只需倒在沙发上，吃些巧克力，就可以轻松地让自己快速摄取多巴胺（这种活动可以将多巴胺提高到基线水平的150%左右）。其他快多巴胺来源包括吃垃圾食品、看电视剧、玩手机游戏、浏览社交媒体、经常查看比特币汇率或股票价格、浏览新闻等。此外，慢多巴胺通常需要更大，有时甚至是大得多的投入。例如，培养爱好、玩填字游戏或下棋都需要更多的时间和精力。如果说有一件事是人类大脑讨厌的，那就是它消耗的能量比绝对必要的能量多。毫无疑问，能量是所有进化中最有价值的货币！

下次你在购物中心时可以进行一项有趣的观察，看看有多少人选择自动扶梯而不是楼梯。我进行过这种观察，坐在商场咖啡馆里像个傻瓜一样记录。结果显示，绝大多数人总是会选择自动扶梯而不是楼梯，即使下楼时也是如此。这似乎毫无道理，因为我们大部分人都应该知道运动有益于身体健康。然而，从进化的角度来看，这种行为不无道理。对邓肯来说，保存能量意味着他可以储存更多的食物，而他储存的食物越多，他就越不必外出收集更多食物，从而危险也就越小。我们往往沉迷于日常能量的保存，相关例子还包括：

- 开车，而不是骑自行车或步行
- 打出租车，而不是搭乘公共交通工具
- 骑电动滑板车，而不是搭乘公共交通工具
- 点外卖，而不是做饭
- 发短信，而不是与人交谈
- 在机场使用自动人行道，而不是步行
- 使用割草机，而不是手动割草

你当然可以说，这些便利节约了我们的时间，可以留出更多时间去做我们真正喜欢的事情，但通常情况下，我们是受保存能量的原始本能支配，下意识地做出这些选择的。

如果你对提供快多巴胺的活动上瘾，你很快就会为自己调制出一杯对你胃口的"魔鬼鸡尾酒"。过度放纵会使你远离慢多巴胺来源，并开始放弃这些从长远来看真正有益于你的活动。获得快多巴胺的第二个影响是容易形成耐受性，这使你需要更多的刺激才能获得同样的愉悦感。你应该见过有人会一边玩游戏、吃零食、

喝饮料，一边刷视频，这使得四个多巴胺来源相互堆叠。这也许意味着，让这个人在没有任何辅助多巴胺来源的情况下坐着一次看完经典电影《卡萨布兰卡》等同于折磨他。值得一提的是，这部电影在 1942 年放映时曾让整个电影院的观众都凝神静气，因为当时人们都认为它是一部极其激动人心且激情四溢的影片。学会积累多巴胺是良好生活的一项重要技能，也是获取任何健康"天使鸡尾酒"的必要一步——我们稍后会再提到这一点。不过，在开始讨论之前，我想谈谈我之前提到的"多巴胺盗贼"。

多巴胺盗贼究竟是什么？我们在哪些地方会遇到它们？其实，它们就在你的身边。它们甚至可能阻碍你和你最爱的人之间的关系。许多企业已经意识到，它们可以将你的时间货币化，或者更准确地说，将你的多巴胺货币化。让我们举一个简单的例子，一家开发游戏应用程序的公司，这家公司现在有三种基本的赚钱方式：

- 你在它们的应用程序或网站上花费越多的时间，它们就能从广告客户那里获得越多的广告收入。
- 在它们的应用程序上花费的时间越多，你就越有可能愿意付费进行升级和更新。
- 从更多的用户身上榨取多巴胺，从而拥有更多的用户，它们的应用程序、网站或业务的感知价值就会更高。

于是，商业公司的整个骗局就是尽可能地刺激你体内的多巴胺，然后把你的反应转化为金钱。在开发这些游戏和赌博应用程序时，一些公司甚至深入研究了人类认知、心理学和生物学，以了解如何通过使用颜色、声音、形状和动画来最大限度地产生快多巴胺。但它们为什么不专注于慢多巴胺，为他们的客户提供真正的价值和长期利益呢？其中一个原因是，如果它们这样做，它们就会陷入"自动扶梯现象"。多巴胺盗贼正在给你提供一部"自动扶梯"。如果别人突然给你提供一段步行楼梯，这就会要求你付出更多的精力，而正如我所说的，从进化角度来看，我们倾向于避免"走楼梯"。

然而，多巴胺盗贼并不只是潜伏在你的智能手机中。商家是如何让你在商店里购买其特定产品的呢？它们会让其产品看起来比其他产品更有吸引力。这又是怎么做到的呢？它们可以从让产品看起来更美味着手，为其包装设计令人垂涎欲滴的图案，再让它们摸起来更舒服一些，这样就能提高你的期望并导致你的快多巴胺飙升。突然间，你的注意力会被某种产品或其他产品的全新品种所吸引，这是一种你从未尝试过的品种，你的多巴胺会上升得更多。你回家后打开包装，试用这种声称是一种健康早餐的产品。当产品中所含的15%的糖进入你的血液时，你的多巴胺会上升得更快。此时你的大脑会很愉悦，你会很快记住这一体验，下次你还会购买这款不错的产品。片刻之后，你的多巴胺基线会下降，你的大脑会开始抗议，说它不想要这种感觉，而想要更多的多巴胺！

没有人喜欢偷窃，偷孩子的东西则尤其卑鄙。美国人甚至有这样的说法，"就像偷婴儿的糖果一样"。这句话的现代版本应该是"就像从婴儿身上偷多巴胺一样"。而现在，应用程序和游戏是专为触发儿童体内最大量的多巴胺而设计的，这真是太可怕了！理论上，成年人是能够抵制的。我们大脑的前额叶皮质更加发达，这使我们拥有比儿童或青少年更强的理性思考能力和意志力。与快多巴胺相比，成年人更容易选择慢多巴胺。然而，尽管如此，仍有大量成年人成为多巴胺盗贼的受害者。如果你陷入这个循环，你的多巴胺基线可能会逐渐降低，这将使你越来越难以体验到快乐和真正的动力，而这反过来又会导致空虚与烦躁不安，甚至让你患上抑郁症。

那么，快多巴胺真的就没有任何好处吗？当然有。快多巴胺是我们获得快乐的重要组成部分，也是让生活如此神奇的原因之一。在我们一生中，当然可以吃巧克力、饮美酒、吃甜点、玩电子游戏、看电视剧、使用交友软件——我们没道理不该做这些！我自己也会如此，没有人的生活应该缺少这些乐趣！但理想情况下，只有满足以下两个条件时，你才能享受这些东西：

- 你知道快多巴胺的影响，以及它很容易将你的注意力从慢多巴胺上转移走这个事实。
- 你已经学会了处理多巴胺。问题是，如果你不掌控好多巴胺，它最终会控制并吞噬你。

所以，让我们确切地做到这一点：学习如何更好地处理快多巴胺。我将给你提供六种工具，你可以使用它们来控制和掌握你自己的快多巴胺，从而用你的自然选择，为你的生活增加更多真正有价值的活动。我可以告诉你，这段旅程会很精彩！将这六种令人着迷的、可能改变生活的工具教给你之后，在本章末尾，我还会教给你另外四种工具。你可以在需要时使用它们来产生多巴胺、激发动力。记住，要一步一步来，并且一边学习一边反思：这些工具是如何影响你的生活的。

工具 1：拒绝多巴胺堆积

你是不是对下面的场景感到很熟悉？我们正在电脑上看剧，如果觉得获得的多巴胺不够，就加一些爆米花；还不够，再加杯饮料；仍然不够，我们就一边看剧一边刷手机；当这还是不够时，就再打开电视作为背景音。我们将多巴胺来源堆积在一起。这会导致三个不同的问题。

第一个问题是，多巴胺堆积没有自然而然地结束——你会发现自己需要越来越多的多巴胺来源才能达到同样令人满意的效果。

第二个问题是，我们的大脑沉迷于这种多巴胺堆积的感觉。这意味着，当我们处于需要保持敏锐的情况下，比如，当我们开车时，大脑仍然会要求我们这样做，我们会更容易屈服于浏览手机的冲动，而这是我们最不应该做的事情。而沉迷于使用智能手机的直接后果是，世界不同地区的车祸发生率增加了10%~30%。

多巴胺堆积可能导致的第三个也是最后一个问题是，它让我们更难欣赏和享受我们最初参与的那项活动了，比如，在上面的例子中，我们很难安静地看电视剧。

那么，我们应该如何解决这个问题呢？其实，一旦意识到多巴胺堆积的后果，你就会想要对此采取行动。但是，如果你觉得自己需要更强有力的措施，不妨尝试以下三种方法：

1. 立即停止所有多巴胺来源的堆积，严格控制自己一次只做一项活动。例如，专心看电视节目，全神贯注地与孩子共度时光，或者开车时不打电话或不听播客。
2. 同一时间内只留一个多巴胺来源：看电视时将手机收起来，或看手机时关掉用作背景音的电视，等等。

3. 尝试"冷火鸡"法，即快速戒断法。在我担任自我领导力教练的这些年里，"10~30 天戒断快多巴胺来源"的方法广受好评。有些客户反馈，30 天后他们再拿起智能手机时，会惊讶于他们之前怎么会花那么多时间在手机上，简直像被施了某种魔法或被催眠了一样。对于任何有兴趣尝试快速戒断法或过渡方法的人，我有个小建议：你可以去除生活中一半的快多巴胺来源，并用慢多巴胺来源来代替。开始阅读书籍，玩填字游戏，参加社交活动，重拾放弃的爱好，或做类似的事情——这将使过渡更加顺利。我并不是像现在流行的那样建议你进行"多巴胺排毒"。值得指出的是，多巴胺不是毒素。相反，你的大脑只是养成了快速满足其多巴胺渴望的习惯，而这些习惯是我们的大脑倾向于坚持的东西，因为这样可以保证高能效。

工具 2：保持多巴胺平衡

当我们的快多巴胺和慢多巴胺之间存在不平衡时，它就会影响我们的日常生活。我从我所教的所有课程中学到的一个教训是，这种平衡在本质上是高度个性化的。我对多巴胺平衡的定义是：你允许进入你生活的快多巴胺和慢多巴胺之间的比例。就我个人而言，我保持着大约 2∶8 的比例，这似乎是大多数人的最佳平衡点。这意味着，我可以用大约 20% 的快多巴胺来填满我醒着的时间，而且不会让那些快多巴胺来源威胁控制我的日常生活，也不会让其引导我远离慢多巴胺。如果我在周末获得了 40% 的快多巴胺，我的大脑就会倾向于避开任何产生慢多巴胺的事情，比如做园艺、DIY 或锻炼。

还有一个好方法是，不要一起床就看手机。因为你接收到的快多巴胺会使你不那么渴望得到慢多巴胺。根据妮可·本德斯哈迪博士的说法，从睡眠状态切换到打开手机、接收大量信息的状态，这一过程中的剧烈转变也会影响你在这一天余下时间里的专注力和优先次序。你可以先尝试几个早晨，慢慢体验它带来的不同。

另一个小建议是，关闭手机提示通知。对于渴望多巴胺的人来说，这种通知可能相当于在饥饿的人面前挥舞一袋薯片。只要你看到一个通知（吃一口薯片），你就会产生一种更强烈的冲动，想一会儿看一眼，然后再看一眼（多吃几口薯片）。

工具 3：适度分配多巴胺

任何时候、任何情况下随意获取快多巴胺，会影响你享受生活的能力。让我们用音乐界一个熟悉的例子来说明。当你第一次听一首新歌时，你可能会想："哇，这太好听了！"之后，你每次听这首歌，都会觉得越来越好听。本质上，听这首歌会持续地给你带来越来越多的多巴胺，直到有一天，一切都变了，你发现你再也不能从这首歌中获得同样的满足感。几个月后，你甚至可能会对它感到厌倦。如果你能适度分配多巴胺，让每次听歌之间有一定的时间间隔，那么这首歌的"好听"感就会持续更久。另一个例子是追剧现象，就是一次看完一整部电视剧。这就像一次吃掉一整袋糖果一样，一开始会觉得很美味，但你的享受不会持续很久。一旦整个过程结束，多巴胺的崩溃就会随之而来。我个人喜欢把看电视剧拖得久一点，尽量延长两集之间的时间。这种方法真的能带来巨大的多巴胺提升。我会在看完一集后，花时间回味、思考和猜测，想象角色的心理和接下来可能发生的事情。然后，就在我的大脑开始失去兴趣的时候，我才会看下一集。这样，我就能长时间地享受看电视剧或小说带来的愉悦。有时候我甚至会故意不看某些电视剧的最后几集，因为我喜欢用想象的结果来获得多巴胺的释放。好吧，我承认我在多巴胺分配方面有点极端，但我相信我不是唯一一个这样做的人。

另一件事——我知道我肯定不是唯一喜欢这么做的人——就是"购物之舞"，它是人们在购买东西之前的一个行为过程，有时是下意识的行为，但通常是有意为之。在你购买一样物品之前，你通过探索、阅读、学习、研究和询问，收集各种资料，寻找完美的购买选项。这种支付前的"购物之舞"，可以带来非常愉快的体验。适度分配多巴胺只是让体验更持久的一种方式。与此方法相反的是，不经大脑，冲动购买，虽然你会享受到巨大的多巴胺刺激，但随之而来的将会是多巴胺快速崩溃。

当我们谈论多巴胺崩溃的话题时，你或许会问，我们是否也能从中得到一些好处？确实如此。实际上，你可以学着适当分散多巴胺崩溃的影响，至少在某些情况下是这样。想象一下，你完成了一项有明确截止日期的项目，经过数月的艰苦又焦虑的努力后到达终点。你也许会感觉棒极了，并且邀请整个团队来庆祝项目的完成。每个人都来参加庆祝仪式，气氛将十分热烈！不过，第二天就该开始下一个项目了。四个月的辛勤工作为你赢得了四个小时的庆祝——现在告诉我，你觉得这合理吗？与其如此，你还不如直接去让自己的多巴胺崩溃，可能你会选择立即启动下一个项目来避免庆祝会结束后的空虚。然而，这显然并不是一种可持续的工作方法。我的建议是适当分配你的庆祝活动，延长成功后的喜悦感。比如，接下来的一周每天都搞一个小小的庆祝仪式，每个仪式的强度都不大；或者向别人分享你做项目的经历，讲讲你是怎么成功的。这样做，你还会从中获得一个有趣的、积极的附加成果：你和你的团队发现，自己更有动力参与下一个项目了！

工具4：内源性多巴胺与外源性多巴胺

斯坦福大学的大卫·格林和马克·R.莱珀在学前班进行了一项令人难以置信的实验，尽管这个实验有些残酷。像其他学龄前孩子一样，受试者喜欢绘画，并在学前班得到了学习绘画的机会。他们有所谓的内在动机，这意味着他们被绘画的过程所激励：他们因看到自己的进步而感到快乐，他们享受绘画过程。在实验的下一阶段，画得好的孩子们会获得"优秀小画家"奖，这引入了一种外在的多巴胺来源。孩子们每画一幅画，就会获得一个奖品，一开始，他们一拿到奖品都很高兴。然而，有一天，研究人员停止发放这些外在奖励，结果孩子们对绘画的兴趣明显降低。他们不再画画，因为他们之前画画的内在动机已经被外在动机所取代，而外在动机随后又被移除了。他们的两个动力来源现在都消失了。

这个工具非常重要，可以应用到你自己的生活中。这里的诀窍是让过程本身成为动力。换句话说，提供动力的不应该是做某事后获得的奖励。你可能会觉得去健身房的动力不足，然后决定每去一次就奖励自己一杯奶昔或一瓶能量饮料。然而，这种外在的奖励结构最终可能会让你失去坚持锻炼的内在动力。相反，你应该尝试消除这种外在奖励，并专注于锻炼本身的好处，比如，锻炼让你感觉活力满满，你的体质得到了明显的改善，等等。同样的方法也适用于在花园里修剪花草。与其想着如何边听播客边干活，或者是过会儿洗个热水澡来犒劳自己，不如想想待在户外的感觉有多好，花园被你打理后有多漂亮，鸟儿的歌声有多动听，秋日的阳光有多温暖宜人！

神奇的神经学已经对此做出了解释：这种方法之所以奏效，是因为你的前额叶皮质（你的意志力）能告诉你自己：你可以在过程中找到乐趣。

我并不是说，这个工具非用不可，没有回旋余地。我确实喜欢时不时地奖励一下自己。然而，我得确保这些奖励对我来说不会比我从活动中获得的快乐更重要。

工具 5：丰富多巴胺来源

该工具的灵感来自游戏。有很多因素可以解释为什么人们如此沉迷于游戏，将他们的时间和金钱大把抛掷，只为了寻求一点刺激，其中一个原因就是玩游戏让他们获得了接近胜利的幸福感。比起巨大的失败，几乎要赢的快感会释放更多的多巴胺，那种感觉会鼓励你再玩一次。那么，如何将这一原则应用到你的日常生活中呢？答案是，随身携带骰子，或在手机上安装掷骰子应用程序。下一次你打算做些你经常做的事情时，比如在你最喜欢的咖啡馆喝杯咖啡，你可以掷骰子。如果你得到 1，你就从 7–11 便利店买咖啡；如果是 2，你就从超市买；等等。只有当你得到 6 时，你才能去你最喜欢的咖啡店。这个"游戏"可以通过使用以下规则来简化：如果你掷出 1~3，你就可以做你想做的事，如果你掷出 4~6，你就不能做。很久以前，我和表弟在一次公路旅行中玩过这个游戏。我们在每个岔路口掷骰子，1~3 时向左，4~6 时向右。虽然我们最终在瑞典北部蚊子横行的沼泽地露营，但它仍然是我所经历过的最不可预测、最令人兴奋的一次旅行！

制造惊喜，是游戏试图吸引你注意力的一种方式。如果一款游戏是可以预测的，而且你总能准确地预知它的走向，那么你一定会厌倦它。这也是那么多食品制造商花费大量时间和精力不断推出新产品，或者为现有产品更换包装的原因。那么，你如何应用它来改善你的生活呢？在埃德·奥布赖恩和罗伯特·史密斯的一项研究中，他们要求测试对象用筷子吃爆米花，这使得爆米花看起来更美味，吃起来也更有趣。他们还让受试者用马提尼酒杯等非传统玻璃器皿喝水，研究表明，这也能提高他们的满意度。你过去可能也注意到了这种现象。以一种全新的方式做一些原本司

第一章 多巴胺——驱动力和愉悦的源泉　　　　　　　　　　033

空见惯的事情，可以立即提升它的体验感，令人倍感愉快，也有助于你从中获得更多的满足感。

工具6：避免多巴胺宿醉

最后一个工具，可以被视作一种警告信号，抑或一种减轻不良宿醉的治疗方法。或许，当今最常见的宿醉类型是"多巴胺宿醉"。有趣的是，这种宿醉往往会在周六和周日出现，但这并不是过量饮酒引起的。相反，它源自你在工作日积累的多巴胺与周末缺乏的多巴胺量之间的巨大反差。在某些情况下，它也会出现相反的情况：在经历多巴胺过量的周末后，周一又来了，你又要回到那份你不喜欢的、极少能赋予你多巴胺的工作中去。许多人会通过疯狂追剧或玩手机来自我调整。作为一种调节方式，确实有一部分人能够明智地控制分寸，而另一些人则只会沉迷其中，逃避现实。对一些人来说，突然的空虚和多巴胺戒断可能会转化为烦躁或悲伤情绪，另一些人则可能会出现焦虑和抑郁症状。

阅读本书相关内容后，你将了解到多巴胺宿醉是确实存在的事，而且它可能发生在我们所有人身上。如果你从自己身上也认识到这一模式，你可以选择接受它而不是让它搅扰你——仅此一点就可以产生巨大的不同。我想提的另一个建议是，避免在周末过量获取快多巴胺，这很明智，因为它将助长你最大限度地消耗多巴胺，从长远来看这是不健康的。相反，你应该在周末尝试通过参加会产生慢多巴胺的"真实活动"来平衡快多巴胺。这些活动包括：散步、待在阳光下、去健身房、参加社交活动、玩棋类游戏、读书、冥想或休息。

当你的多巴胺消耗殆尽时会发生什么？

如果你的大脑连续多年受到无休止的多巴胺的冲击与影响，这可能会导致多巴胺合成和释放的"枯竭"。更准确地说，你会对多巴胺越来越不敏感，长此以往，分泌多巴胺的信号会减少，多巴胺受体 D2 的活性也会减弱。判断自己是否患上"多巴胺成瘾"，最简单的方法是：看看是否有迟钝的奖励反应。

成瘾往往始于小习惯，而且会逐渐变得越来越难以控制。我们都容易对各种事物或活动上瘾。你只需去舒适的咖啡厅观察几次，便可证明这一点。人们总是寻找这样的地方来吃点心、开展社交和交谈。然而，如今对大多数人来说，与最好的朋友见面时，享用甜蜜的巧克力和拿铁咖啡远远不够。相反，在那里，几乎可以看到每个人都每隔几秒钟就拿出手机，以给自己额外的多巴胺刺激。下次去咖啡馆时，你不妨四处看看。朋友们虽坐在一起，但各自都全神贯注地看手机，而不是互相交流。他们对奖励的反应已经变得迟钝，不断堆积多巴胺似乎是他们达到诱人的多巴胺峰值的唯一途径，而他们发现攀上多巴胺顶峰变得愈发困难。毫不夸张地说，我们中的许多人实际上已经成为多巴胺"瘾君子"了。

再举一个例子，看看那些受益于多巴胺带来的强大动力，一直努力工作的人。然而，不知不觉中，工作给予他们的满足和奖励反应逐渐消退，他们可能开始转向暴食或者酗酒来堆积多巴胺，以期达到同样的满足感。他们的压力水平会上升，不得不更加努力地鞭策自己，这反过来又会进一步加大他们的压力，夺走他们的快乐和多巴胺，最终他们会用更多的食物和酒精来弥补这些损失。这形成了一个恶性循环。

我记得大约十年前我乘火车去马尔默旅行，当时我还不了解多巴胺堆积及其可能导致的脱敏症状。在过道对面，一位年长的绅士正透过窗户看着外面的乡村。我打开笔记本电脑，一边工作一边看电影。电影结束后，我在手机上阅读新闻，浏览社交媒体动态，然后玩游戏直到电池没电。这时，我拿起了 *Kupé*，这是瑞典铁路过去为所有列车乘客提供的免费杂志，我翻开了第一页。然后一本接一本读。我发现自己越来越渴望得到一些娱乐，因为我的迫不及待，我的身体陷入了严重的多巴胺宿醉状态。我内心的某种东西似乎在呼唤，给我更多多巴胺！但现在，我不得不把注意力集中在屏幕以外的事情上，我发现自己又在看那位老绅士了。他一直坐在自己的座位上，脸上始终挂着微笑，就那样看着窗外匆匆闪过的田园风光，足足两个小时。那时我才意识到，我自己就是个多巴胺"瘾君子"。

你的多巴胺引擎

多巴胺是你的积极引擎，是一种能量来源，它让你带着微笑与极大的满足感完成一切有趣或困难的任务。我给你提供的六种工具可以让你重获原始能量，吸引你完成生活中真正有意义的事情，并帮助你处理快多巴胺。你很快就会像加了润滑油的劳斯莱斯发动机一样轻轻地嗡嗡作响，充满动力。但是，引擎不仅可以发出嗡嗡声，还可以做更多的事情，可以让你疾速前进。我在本章中尚未回答的问题是，我们如何才能随心所欲地将多巴胺"注射"到自己体内，让自己立即充满动力，并开启新的一天、下一个项目或下一个活动。而现在，我要教给你另外四种多巴胺工具，它们可以帮助你做到这一点。

工具 7：找出情绪动因

我的儿子特里斯坦 9 岁时，他本该去学习乘法表，但他不愿安安静静地坐下来认真学习。直到那年夏天，我的妻子玛丽亚开了一家咖啡馆。特里斯坦看到了打工贴补零用钱的机会，于是问他妈妈是否可以让他在咖啡馆工作。她回答说："当然可以，你可以在柜台前收款。"作为一个相当善于社交的人，特里斯坦一定对这个主意感到非常兴奋。然而，他妈妈接着补充道："不过，你需要先了解乘法表，因为人们通常会买不止一种东西，比如买 3 根棒棒糖，每根 30 便士。"特里斯坦很快意识到了学习乘法表的必要性。学习动机明确了，其余的只需付诸实践就行。

对我个人而言，我会根据需要提高自身多巴胺水平，并为其寻找一个强大而有效的动因，即"为什么"。以下是我在一分钟内让自己找到巨大动力的四个例子：

1. 如果我找不到动力去教自我领导力课程，我会坐下来回想过去 17 年来与抑郁症做斗争的经历，思考从那以后我的生活发生了多大的改变，以及自此我有多么不想让任何人像我一样抑郁难受。
2. 如果我没有动力去健身房，我会想起我的爸爸。他是英国人，一个传奇人物，曾与影星肖恩·康纳利和罗杰·摩尔一同出游。他本应享受更好的生活，而不是在他生命的最后15年中遭受三次心脏病发作的折磨，并应对其带来的可怕后果。他之所以患上心脏病，某种程度上是因为他没有坚持适当的锻炼，也没有保持合理的饮食。因此，我父亲的遭遇成了我最强大的动力源泉，它是我保持健康饮食习惯、定期去健身房最重要的原因。

3. 如果我没有动力去完成"如何做出精彩的幻灯片"的演讲，我就会想起我儿子学校的一次家长会。那一次，他的老师在会上放了一张白色背景的幻灯片，上面散落着极小的文字，几乎看不清。他关掉灯，站在角落里，用单调的声音说话，同时用红色激光笔在屏幕上来回比画。

4. 作为一个内向的人，我总感觉结识新朋友是一件非常令人焦虑的事。如果我顺应自己的内心，我会选择直接取消会面。但我没有那样做，而是试着找到一个必须如此做的理由来消除我的恐惧，包括：想想这次会面会有多么激动人心，或者是回忆我与新朋友曾遇到的神奇经历。这种方法往往能帮助我克服恐惧。

为了使你的动因足够强大，能有效地按需激励你自己，你应该将它与特定的情绪或记忆联系起来。毫无疑问，你已经注意到我上面的所有示例都涉及真实的记忆或情感。你可以在消极的记忆和积极的记忆中找到属于你的动因。找到这个动因后，你需要回忆与之相关的情绪，强化它们，直到你能切身感受到它们在你的身体中流淌。有些人可能比其他人更擅长捕捉这种感受，但每个人肯定都是可以做到的。

你也可以将自己置身于引发你情绪的特定情境中，来创造情绪动因。举个例子，我的孩子们非常想养一只兔子，两只更好。但是，他们很难攒到买兔子的钱。我觉得这很可惜，因为养兔子对他们来说是一个很好的机会，可以培养他们规律生活的习惯，学习养育、共情、尊重，以及其他所有只有通过养宠物才学到的美德。于是，在一个周末，我借了两只小兔子带回家。到星期天，我又把它们还给了饲养员。这无疑让孩子们兴奋不已！他们已经找到了他们的"情绪动因"，其影响非常之大。三周后，他们想尽各种办法赚够了钱，我们一起去饲养员那里买下了那个周末借来的那两只兔子。我承认，在第一个周末归还兔子时，家里发生了一些摩擦，但这个方法非常奏效。如果你想要什么，就先沉浸其中，让自己尝尝渴望的感觉。这种感觉很快就会成为你的情绪动因，成为你实现目标的重要动力源泉。

工具8：尝试冷水浴

在《欧洲应用生理学杂志》组织的一项研究中，参与者被要求在14℃的水中沐浴60分钟。冷水浴使参与者的多巴胺水平提高了250%。这种增加是逐渐的而非60分钟后才突然发生的。遗憾的是，我还没有看到任何关于冷水浴时间长短会有什么差异的研究，但是即使是短时间的冷水浴也会对多巴胺和内啡肽产生积极影响，从而改善情绪，提高活力和注意力。提高注意力是去甲肾上腺素的一种作用，这种作用是因身体暴露在冷水浴压力下产生的。你要知道，多巴胺是去甲肾上腺素的前体。

工具9：制作愿景板

心灵的力量远比大多数人意识到的要强大。一想到要去度假，你就兴奋不已，对吗？想买一部新手机、一辆新车或一个新烧烤架，也是如此，会感觉不错，对吗？让你觉得浑身充满干劲。然而，一旦你开始考虑其他事情，你刚刚感受到的多巴胺将不再对你产生同样的吸引力。由于我们大多数人的记忆力往往不尽如人意，因此，愿景板是每个人的必备工具。

你需要买一张尺寸够大的纸、几支彩色画笔、一把好用的剪刀和一个画框。将你的梦想和愿景的图片贴在这张大纸上，写下你想成为什么样的人或想创造什么的短语和引语。基本上，你是在描绘自己想要的未来。当你完成后，你应该继续把它装裱起来，挂在卧室或浴室的墙上，或者挂在衣柜门的里面也很好。然后，每天早上，在你起床或刷牙的时候，花一点时间看看你的愿景板，养成这个习惯。请沉浸式体验你所描述的一切，并尝试细细品味你的梦想和目标，这将实时为你提供多巴胺。你会切身感受到你的动力在增加，能清晰察觉到这个过程。还有一个小窍门，你可以从愿景板中选择一件事，每天都专注它或练习它。拍下它，并把照片设置为电脑或手机的壁纸或屏保，这样你就能随时随地给自己一点儿激励。

工具 10：保持动力

我们大多数人都知道，一旦我们真正投入某件事情中，动力就会给我们带来神奇的帮助。当我们真的逼着自己一周去四次健身房时，我们会觉得自己能够一直坚持下去。但是，我们可能会生病，或者去休几周假，而在这几周之后，我们会发现很难重新找回状态。说到底，动力似乎能够自我繁殖并产生多巴胺。

如果你坚持去健身房一段时间，并开始看到效果，这会增加你继续锻炼的动力。这样做的好处是，你可以利用这种动力来驱动你的多巴胺引擎，只要明白你需要做什么才能重拾那种感觉就好。也就是说，开始行动吧！一旦你重新开始运动，这很可能会触发多巴胺的释放，进而引发更多的多巴胺，然后，引擎很快就会再次自动运转！但是，你不应该忘记，多巴胺的作用时间很短，如果你的活动之间间隔太久，你就会再次失去动力。最后，你对运动本身的态度也会对你的体验产生巨大的影响。你应该也发现了，让自己相信某种体验或活动是有吸引力的、愉悦的或有价值的，可以帮助你获得更大的满足感，甚至提供更大动力。

本章小结

你的"天使鸡尾酒"可以由两种不同的多巴胺组成。一方面，有我所说的"快多巴胺"，我把它定义为那些能够快速刺激多巴胺分泌但对你没有真正长期益处的东西，比如吃巧克力、漫无目的地刷手机或吃一袋薯片。在你的"天使鸡尾酒"中加入一些快多巴胺，让自己享受生活中的美好事物——我当然也这样做！但是，你应该避免让这些快乐相互叠加。更好的方法是把它们分散开来，适量享受，并且不要把你的内在动机和外部奖励联系起来。同时，还有另一种多巴胺,"慢多巴胺"。它应该是你的"天使鸡尾酒"的主要成分。我把它定义为那些能够在当下、在未来给你带来真正好处的多巴胺刺激。这方面的例子包括学习新事物、锻炼身体、发挥创造力、社交、玩填字游戏,以及把挑战看作是成长的机会而不是要克服的难题,等等。如果你减少快多巴胺的获取,你很快就会发现你对慢多巴胺的自然渴望在增加。你可以采用找出情绪动因、制作愿景板、保持动力或者冲个冷水浴等方式,来给你的"天使鸡尾酒"添加更多的慢多巴胺。

第二章

催产素
—— 人际关系与人性的调节剂

"哇！看这美丽的日落！快来看！"

你被美景吸引，惊叹于大自然的神奇。时间在那一刻仿佛停止了，你的呼吸放松、深沉而平稳。你感受到了一种意想不到的和谐与幸福，即使你看到的天空和今天早上你根本没留意的天空其实是一样的。一朵美丽的花、一片令人惊叹的风景，或看到你的孩子第一次走路，都能以同样的方式改变你的心情。你正在体验的情绪称为敬畏，这是一种被伟大所震撼的感觉，常与神秘感伴生。在关于敬畏的大量文献中，它通常被认为是独一无二的一类情感。敬畏也会触发血清素和多巴胺的释放，但我选择在这一章讨论催产素，因为催产素有着独特的功能，可以在你和他人、你和物品之间或你和某种更高的存在之间建立一种更强的联系。最后一种联系是敬畏的结果，通常是由与自然、宇宙或宗教相关的经历引起的，这本质上是对超越自己的事物的信仰。

催产素是大脑中的一种神经肽，也是血液中的一种激素，能够发挥多种功能。然而，在本章中，我们将重点关注那些对人类心理学影响最为深远的功能。现在，让我来解释一下，为什么你应该在日常的"天使鸡尾酒"中添加更多的催产素。

催产素很神奇——不，实际上，"神奇"还不足以形容它！如果你问我，我会告诉你，它是你大脑中与心理状态关联最紧密的一种物质。它是帮助你建立存在感、完整感以及在适当的情境下建立信任感、同情心、亲密感和慷慨感的物质。

想象一下，如果你在街上走到一个陌生人面前，给他一个莫名其妙的拥抱，这会提高他的催产素水平，让他对你更加信任、更有同情心、更加亲密、更加慷慨吗？几乎不会。另一方面，如果你给朋友一个安慰、温暖的拥抱，这却有可能增加他对你的信任，让他与你更加亲密。这就意味着，催产素是依赖于具体情境的，通常需要在人与人之间逐步触发。不幸的是，像所有物质一样，催产素也有不好的一面，我稍后会谈到。现在，让我们先深入了解催产素好的一面，并谈谈如何随时随地、随心所欲地调用它。

请你再读一遍这些词：存在、完整、同情、联系、慷慨、信任。在这里暂停一下。记住这些词，并思考它们对你的生活和人际关系的深远影响。

让我们再次拜访邓肯——我们石器时代的朋友。那是大约 2.5 万年前的一个星期五，这是令他永生难忘的一天。和往常一样，邓肯待在他用猛犸象牙、树枝和黏土搭建的简陋小屋里。他躺在屋里，听着外面淅淅沥沥的雨声，欣赏着上周采摘的一篮子野生红苹果。在平静的满足中，他意识到自己一定又产生了幻觉，因为他强烈地感觉到有人正站在小屋外面，敲着他的猛犸象牙，并且还咳嗽了几声。他转身凝视着他的稻草墙，心里想，他只是因为吃了各种各样的森林毒蘑菇又经历了各种倒霉事后，才如此频繁地出现幻觉。然而，这次的幻觉似乎与大多数其他幻觉不同：它一直在，而且很稳定，一点变化也没有。突然，他愣住了——难道说这是真的？不可能！他躺在床上，一动不动，无法判断自己该恐慌还是幸福。这是真的吗？他已经很久没有遇到与自己同类的人了，他几乎要忘记自己长什么样子了。又一次敲门。邓肯从他的草床上爬起来，走到门口，他发现门口站着一个精疲力竭、浑身湿透、疲惫不堪的女人。他从未见过如此美丽的面孔。

如果邓肯的大脑不能产生催产素，他可能会在她的面前把门关上，然后回到床上继续躺着。但多亏了催产素和其他物质，邓肯立即对这个状态不佳的陌生人产生了同情，并将她领进了他的小屋里，让她坐在噼啪作响的炉火旁边烤火取暖。

他们一边聊天，一边喝着蓝莓茶、吃着苹果派。日子就这样一天天过去。这个女人的名字叫格蕾丝，她解释说她几个月前迷路了，找不到回自己部落的路。他们对彼此了解得越多，体内产生的催产素就越多，彼此之间的联系也越来越紧密。他们之间开始有了身体接触，这会释放更多的催产素，直到有一天，他们坠入爱河，接踵而至的便是性互动，催产素进一步增加。九个月后，你的祖先邓肯和格蕾丝成了父母，他们生了两个漂亮的孩子：埃尔西和艾弗。连接他们的催产素成了一条牢不可破的纽带，他们现在是一家人，彼此相爱、相互尊重、相互倾听。催产素还将他们与他们生活的那片土地紧密联结在一起。他们深爱那个特别的地方，也深爱着他们在那里留下的全部回忆。

回到现实

你有没有注意到，当催产素水平降低时，人际关系中就会出现更多的误解、摩擦和争吵？这就是我们不与对方交流、接触或花时间相处时可能发生的情况。相反，当一段关系中的两个人真正地接触、互相倾听并为对方腾出时间时，就会有不同的结果。关于这个主题，有一条有趣而古老的建议：永远不要在性爱前或性爱后做出重要决定！佛罗里达州立大学的安德里亚·L. 梅尔策在一项研究中发现，性爱后双方的关系会有显著改善，这种改善可持续长达 48 小时。这或许就是至少每 48 小时进行一次性活动的科学依据。在性爱过程中，人们会释放出大量的催产素以及其他物质。类似的情况也会发生在更微妙的身体接触中，比如长时间的拥抱、亲吻、按摩和抚摸。有趣的是，眼神交流、体贴的行为和积极的倾听也会引发同样的反应。如果你此时暂停阅读，在你们的关系中引入这些亲密行为的话，你就很棒了。毫无疑问，你已经无数次注意到，良好的关系会给你的生活带来方方面面的积极影响。不过，你需要学习和做的东西还有很多，所以，请继续阅读！

当人们问我："我怎样才能成为一个贴心的朋友呢"，"我怎样才能变得更受欢迎呢"，或"我怎样才能成为别人愿意与之共度时光的人呢"，我的回答很简单：尽可能让自己成为最好的倾听者，并学会关心他人。根据我的经验，生活中最受欢迎的人、分泌催产素最多的人，往往是那些积极的倾听者，是关心和体贴别人的人。他们让人念念不忘。反过来，我们也关心他们，尊重他们。如果你读到这里时停下来，想想你的朋友，我相信你能够想到几个真正关心你的人，他们会在你分享自己的事情时，无论是好是坏，都侧耳倾听。而且，当想到这些人时，你的嘴角就会微微上扬。

除了和我们爱的人待一起，我们还有一大部分时间花在办公场所。催产素在那里也发挥着巨大的作用，甚至可以对企业的成功与否产生影响。在同事之间互相关心、互帮互助、共享忠诚纽带的公司文化中，催产素和利润一样充足有余。

既然我们已经知道催产素会对我们的心理产生积极影响，现在，又该扮演调酒师了，我们将要开始学习如何在日常生活中为自己和他人调制更多的催产素。思考一下：你今天已经在哪些地方使用了催产素？如果你没用到它，那么该从何处入手？

工具1：心存敬畏之心

让我们从敬畏开始——就是我们在本章序言中提到过的那种情感。敬畏之心往往在我们意识到比我们自己更大的事物存在并且无法轻易理解时产生。敬畏之心可能被伟大的艺术品和音乐唤起，或者更常见的是，在面对自然奇观时产生。你也可能在参与大型集体活动时产生敬畏之心，比如身处音乐会或大型政治集会现场时。但是，让我们先在森林里开始探索之旅吧。想象自己正走在一片落叶林中，周围有高耸的橡树、榆树和枫树，秋天的第一拨落叶刚刚开始覆盖大地，一只好奇的啄木鸟正在林间俯冲。在加利福尼亚州伯克利大学弗吉尼亚·斯特姆开展的一项研究中，参与者被要求每天花15分钟穿过森林，那片森林正像我们刚才所描述的一样。在为期8个星期的研究中，他们每天都在树林里散步，并在特定的时间自拍照片。其中一组收到了一份指导手册，内容是这样的:"在你散步时,试着用新奇的眼光去看待你所看到的东西,就当你是第一次看到。每次散步时,花点时间去感受事物的浩瀚与奥妙,比如鸟瞰全景,或者近距离观察一朵花、一片叶子的细节。"另一组则没有得到详细指导,只是被要求散步和自拍。

相同的是,两组人都需要在每次散步后进行自我评价,被要求"心存敬畏"的那一组在报告中说,他们体验事物的能力逐渐提高了,每次散步后的敬畏之心也越来越强。从他们的自我评价中还可以看出,比起只走路的那一组,另一组参与者的同情心和感激之情等亲社会情绪也有所增加。

这项研究的最奇妙之处在于,"心存敬畏"那一组的参与者逐渐开始尝试新的自拍方式。变化之处有两点:首先,他们自己的脸和身体在画面中的占比越来越小;其次,越来越多真诚的微笑出现在他们脸上。主持这项研究的弗吉尼亚·斯特姆如此评论:"敬畏的一个关键特点是,它促生了所谓的'小我'感,让你在自我与广阔的世界之间找到了一种健康的平衡。"很明显,"心存敬畏"小组的参与者的思考方式已发生转变,从以自我为中心和问题导向,变得更加注重大局、更感恩。

那么,你怎样才能利用敬畏之心为你的日常生活添加催产素、调配"天使鸡尾酒"呢?答案是:让自己意识到藏身于渺小之中的伟大。从对石头的形成感到惊奇开始，注意鸟儿如何飞翔，每片秋叶如何以自己的方式飘落，以及每一片雪花都是独一无二的。但是，请注意，我们往往过于关注视觉印象，因为视觉是我们的主导感官，别忘了体验气味、声音、身体感觉，以及你对周围所有奇妙、独特现象的思考。

谈到这里，我还想分享另一项关于敬畏的有趣研究。在研究中，72名退伍军人和52名失意年轻人获得了体验激流勇进的机会，他们需要在此过程中体验敬畏之情。受试者分为两组，收到"心存敬畏"指示的人与未收到此类指示的人形成对照。"心存敬畏"组得出的报告称，这些人的PTSD（创伤后应激障碍）症状减轻了29%，压力减少了21%，社会关系改善了10%，生活满意度提高了9%，幸福感提高了8%。这些都是非常了不起的效果，尤其当你意识到它们都是因为"主动放慢速度并尝试体验敬畏之情"这一指令才产生的。

在这里需要特别提到的是，如果受试者产生敬畏的对象是人造奇观，它带来的效果往往比自然奇观要弱得多。

工具 2：善用同理心

我有一个很好的小窍门，可以为你的"天使鸡尾酒"添加催产素：当你忙完一天的会议和活动，结束了激烈的讨论，即将回到家里与家人团聚时，先在车里或门外停留片刻。拿起你的智能手机，看一看能激发你同理心、触动心灵柔软之处的照片或视频，如可爱的小猫、帮助你的人或你爱的人。几分钟就够了，然后你再进屋去。这种方法非常有效。如果你只是推门而入，仍沉醉于高浓度皮质醇和快多巴胺混合而成的"魔鬼鸡尾酒"中，你可能无视家人们递来的温暖眼神，也不会真切地感受到他们的拥抱，听不到他们对你说的话。但现在，多亏了这点适量的催产素，你将能够真正地看到、听到和感受到他们。同样重要的是，他们也会注意到你的不同。人们都说时间是世界上最有价值的货币，但我想说的是，存在感才是真正值钱的东西。

如果你碰巧是一名领导或销售人员，这个小窍门对你的职业生涯也会很有用。在应付会议、演讲和谈判等压力较大的场合时，催产素的增加可以使情况大为改观。你可能会看到这样的场景：你做了充分的准备，花了整整 12 个小时制作 PPT；你的腰带调整得恰到好处，你的皮鞋擦得锃亮，你觉得自己已经准备好给别人留下深刻印象了。然而，当你登台的那一刻，你却发现自己张口结舌，大脑一片空白。你明明已经把讲稿背得滚瓜烂熟，却记不起一个字！你在演讲过程中大汗淋漓，最后离开演讲台时完全不知道自己说了些什么。这到底是怎么回事？答案是你分泌了过量的皮质醇和肾上腺素，你的大脑突然进入戒备状态，把你的听众当成了一群充满敌意的剑齿虎。然而，如果你清楚自己应该在登台之前给大脑来一些催产素，你就能更好地控制局面，取得更精彩的表现。这是因为，催产素具有降低皮质醇水平和血压的神奇功效。

  作为一名演讲者，我曾数千次登上舞台，还分析过成千上万的其他演讲者，我的结论是：许多人都会犯一个错误，那就是在演讲开始前的几分钟里反复斟酌演讲稿与开场白，或思考可能出现的问题，这些思考带来的压力远超人的承受能力。相反，我的建议是，利用这最后十分钟进入你理想的精神状态。我通常会看一眼我女儿刚满七岁时的照片，照片上的她在草地上奔跑，露出的笑容足以融化任何铁石心肠。几分钟后，我就能以一种更好的状态登上舞台。你还会发现，如果在你体内产生的是一些催产素，而不是皮质醇和压力的话，你的演讲能力和记忆力都会大大提高。高强度的压力往往会限制我们的短期记忆力。到目前为止，我已经经历了很多次这个过程，以至于只要一想到那张照片，我的眼前就会泛起一层薄雾，同理心如柔软的毯子将我包裹起来。

工具3：尝试身体接触

人与人之间的第一次身体接触，与孔雀开屏吸引异性其实并没有太大的区别。我们的"舞蹈"往往更笨拙、效率更低，但更具有娱乐性。当我们第一次见到陌生人时，我们会保持距离，也许会向他们点头，或者——如果我们胆子大的话——长时间地握手。假设我们双方都意识到可以与对方互惠互利，那么我们下一次见面可能会采用更柔和的握手方式，而不是如第一次一样拘谨地身体前倾。接下来，"舞蹈"再次升级，到第三次见面时，我们中的一个人可能已经鼓起勇气去触碰对方的肩膀或手臂了——或者，我们可能会在午餐时坐得更近一点。几周后，我们开始以拥抱表示问候。得益于这种渐进式的"接触之舞"，我们变得更加亲密，建立了互信，并学会了更好地合作。

这里根本不需要任何红酒和浪漫这样的潜台词——这是一个过程，或者说一种"舞蹈"，大多数人在各种关系中初步了解时都会经历。这不奇怪，真的，想想看，每当有人触摸我们时，我们都会分泌催产素，那正是我们下意识所追求的。假如我们随意地拥抱一个陌生人20秒钟，然后与他进行热切的眼神交流，这种行为实际上是反社会的。然而，同样的行为发生在亲密的朋友之间，则是备受期待和美好的。

知道这一切后，我们就能解释为何新冠疫情期间的隔离对某些人的影响比对其他人更大了。在那段时间里，如果12罐装的催产素罐头能够上市销售的话，它一定会被抢购一空。疫情期间，我们都在一定程度上被孤立了，这在现代社会也许是前所未有的。研究还表明，这对我们的心理健康并没有什么好处，事实上，缺乏人际交往导致焦虑和抑郁等心理问题明显增多了。

这还不是全部。美国匹兹堡卡内基–梅隆大学的谢尔登·科恩还做了一项关于催产素重要性的研究。试想一下，如果有一天有人打电话给你，问你是否愿意参与他们的研究，这个研究需要你感染一种普通感冒病毒。你会不会觉得他们很可疑，并且小心地给出回复？然而，该研究团队还是设法招募到了406名参与者。在两周的时间内，参与者需要完成一项自我评估调查，记录自己在人际关系中经历了几次冲突、获得了几次拥抱。两周后，这406人全部暴露于病毒中。然而，令人惊讶的是——也许并不那么意外——获得多次拥抱的受试者感染病毒的可能性较低，而且即使是被感染的受试者，症状也不那么严重；接受较少拥抱、经历过更多冲突的受试者的免疫系统则要脆弱得多。一项针对郊狼种群的研究也得出了类似的结果，该研究表明，人际隔离引起的催产素缺乏甚至可能导致细胞死亡。

为了通过触觉对你自己的"天使鸡尾酒"产生积极影响，你应该努力与他人亲近、与朋友共度时光、拥抱他人、牵手等。请记住，你也可以通过与动物互动来达到相同的效果。大多数相关研究都使用了狗，但如果我们研究其他被我们视为"最好的朋友"的动物的影响，我们很可能会得到同样的结果。如果你缺乏与人和动物亲密接触的机会，你也可以通过在皮肤上施加轻微到适度的静压来激活感觉神经，从而获得被触摸的感觉。根据克丝汀·莫伯格进行的研究，有效的一种方法是在睡觉时盖上加重毯。当我们谈论毛毯时——你知道当你感觉寒冷并爬上一张温暖的床时，床上铺着干净的床单，此时你会感到难以置信的舒适。尽管据我所知，没有任何研究表明这会产生催产素，但事实上，它给我的感觉似乎与我在其他情况下对催产素的体验非常相似。然而，利奥·普鲁伊布和丹尼尔·里赫斯进行的一项研究可能验证了这一结论，他们成功地证明了催产素是在我们经历高温的情况下释放的，比如我们洗热水澡时。因此，如果我们将两个物体放在一起，并确定毯子会刺激皮肤的感觉神经，同时借助你的身体热量，那么我上面描述的舒适感很有可能至少部分是由催产素驱动的，这个说法似乎相当合理。

工具 4：慷慨分享

当我亟须提高"天使鸡尾酒"中催产素的含量时，"慷慨分享法"是我最喜欢的方法。这种朴素而平和的善意，能给我们带来一种自我强化反馈，促使我们在未来变得更加慷慨大方。在豪尔赫·A.巴拉扎和保罗·J.扎克的一项研究中，一组参与者观看了情绪较为中立保守的视频，而另一组参与者则观看了情感强烈、能够引发共情的视频，比如人们历尽磨难的故事，或相互体贴的温馨故事等。结果显示，"共情激发组"的参与者催产素水平较基准线提高了约47%。我还想起了自己在职业生涯中经历过的事。我曾遇到一些推销员，他们直言不讳地告诉我："你的倾诉欲太强了，我简直插不上话，没法给你推销东西！"与他们的失败相反，作为演讲者，这种倾诉与分享为我的成功奠定了基础。——当你分享经历时，要单纯以分享为目的，不期望有任何回报，这恰恰是一种强大的策略。

早些年，我曾与一位朋友合伙开过一家渔具商店。我喜欢钓鱼，所以我就想，"为什么不开一家渔具商店呢？"这也让我的演讲生涯发生了很大的转变。和许多其他渔具商店店主一样，我们经常参加各种钓鱼展会，那些都是相当独特的经历，而其中有一次尤其不同寻常。那是在奥勒的费维肯，一个神奇美丽的地方。第一天，我站在我们的展台前，一位男士过来看我们的渔具。在我们交谈的过程中，我问他知不知道附近有什么好的钓鱼地点，我想当天晚上和我的团队一起去钓鱼。他顿时喜出望外，热情洋溢地向我描述该如何去到他最喜欢的钓鱼地点。由于我不熟悉当地环境，他还给我画了一张地图。终于到了下午 5 点下班时间，他回来告诉我："你知道吗？我现在才发现，我画的地图太乱了。"于是，他亲自驱车带我们开了 15 英里（约 24 千米）左右的路——这完全超出了他的计划！到达后，他又告诉我们："既然你们没有船，那就用我的吧。钥匙就在那边，用完后把它放回原处就可以了。"他开朗又热情，我们也用同样的开朗热情回馈他。事情还没有结束。在展会的最后一天，他又一次回来对我们说："下次你们来参加钓鱼大会的时候，可以住在我的小屋，反正展会期间我也用不上。当然，我不收你们的钱！"我忍不住问他为什么对我们这么好，他笑着说："我对每个人都很好，这对我们双方都有好处。这是治愈生活的一剂良方。"

与他的这段记忆深深地印在了我的脑海里，我逐渐开始明白他所说的"慷慨是治愈生活的良方"是什么意思了。诚然，多巴胺是这种灵丹妙药的成分之一，但最重要的成分毫无疑问是催产素。当我们帮助他人时，我们体内的催产素水平会显著提高，这反过来又会降低我们的压力，改善我们的健康状况。有趣的是，随着年龄的增长，我们体内的催产素水平也会自然升高，也就是说，年龄越大，我们自然就会变得乐于助人。

工具5：适时眼神交流

如果一位名叫亚瑟·阿隆的绅士让你花10分钟时间问一个陌生人一系列亲密的问题，然后花4分钟与他进行眼神交流，如果碰巧你又是单身，接下来要处理的事对你来说会更容易。这项研究的结果是，一些参与者从彼此眼中解读出了"爱慕之情"——甚至有一对参与者在参与此研究6个月后结为夫妇。

尽管并不显著，但人与人之间的眼神交流会引发催产素的释放，这是可以肯定的。据此推测，人与小动物之间的互动或许也能产生相同的效果。但是，你知道吗？看视频甚至也起作用。芬兰坦佩雷大学的一项研究表明，通过视频进行眼神交流可以带来与面对面交流类似的心理效果，但前提是实时视频通话。在新冠疫情期间，我为世界各地的人们举办了数百场线上讲座，讲解如何在线上进行演讲、演示和召开会议。我经常用与会者的摄像头来举例说明，发表如下评论："今天我们的会议室中有12个鼻孔，8个额头，5个耳道，只有两个人完全摆正了摄像头。"我揶揄的是参与者五花八门的镜头角度。平均而言，每组只有两名成员姿势是合格的。他们的做法与其他人有何不同？他们将摄像头对准自己的眼睛，并在旁边放置一个光源，让他们的脸散发出温暖的光芒。他们直视镜头，看起来很有活力。说完这些后，我会要求每个人用 10 分钟时间调整他的摄像头设置。它所带来的改变是惊人的！当人们能够直视彼此的眼睛，带来的变化是难以置信的。然而，有些人却感到失望："所以，你是说我们花了将近 18 个月的时间走在完全错误的道路上，将彼此越推越远？"确实，如果你从这个角度看的话，它可以说是一场相当失败的体验。

经常有人问我，是否有一种药片可以让自己分泌催产素。答案是肯定的。但这条捷径是不可持续的，甚至对你有害。

不过，有一种更安全的方式可以给自己注射催产素：一种处方喷鼻剂，它最常见的用途是帮助新手妈妈催乳。这种喷鼻剂也用于有关催产素作用的研究。催产素是否真的有效果一直存在争议，但现在人们似乎更倾向于认为催产素确实有效，尽管它只在非常特殊的情况下有效。

尽管有催产素喷鼻剂等人工催产素可使用，但我认为，最好还是学会使用我们大脑中自带的"化工厂"。对一部分人来说，喷鼻剂催产素是一种很有用的辅助工具，因为事实证明它能带来一系列长期影响，比如，降低血压、降低皮质醇水平、提高抗压能力、缓解疼痛、加快痊愈、让你对别人的面部表情和声音意图更加敏锐,以及其他数不胜数的好处;它们能让你更容易融入社会,也会让你"愿意花更多时间与他人相处"。有趣的是,除了医疗手段外,受到刺激而天然产生的催产素也能达到类似的效果。如果你拥有一个强大活跃的人脉网络,或者与自己喜欢的人共处了一段时光,那么你自己就能分泌催产素了。

工具 6:听舒缓的音乐

你有没有想过,为什么你有时会刻意选择听舒缓的音乐?原因可能有很多,但也可能是你的身体足够聪明,意识到舒缓的音乐有助于你身心愉悦。卡罗林斯卡医学院的乌尔丽卡·尼尔森开展的一项研究表明,听 30 分钟舒缓的音乐就能提高手术后病人的催产素水平,从而加快他们的康复。也就是说,当你需要减轻压力、促进身体康复时,你可以主动选择聆听舒缓的音乐。这就是你主观能动性的体现。

现在,如果你想进一步从音乐中获得更多的催产素,你还可以唱歌。根据瑞典乌普萨拉大学的克里斯蒂娜·格拉佩和她的团队所做的一项研究,无论你是业余爱好者,还是专业歌手,唱歌都可以提高你的催产素水平。他们还发现了一个有趣的现象:两组人(业余歌手和专业歌手)都被要求在演唱后评估自己的幸福指数，其中业余歌手会表示自己感到更加幸福和兴奋，而专业歌手则没有这种感觉。不过，两组人都表示，他们唱完歌后感觉更加专注和放松。专业歌手非常重视自己的表演，他们的皮质醇分泌更多；业余歌手则只注重表现自己，因此皮质醇水平反而降低了。这种态度上的微小差异却带来了巨大的不同，这说明你的心态可以改变催产素的效果和皮质醇水平。登台演讲时，抱着过分在意的心态还是享受的心态，二者带来的体验也完全不同。根据我的经验，当你专注于享受自己，并从中获得乐趣时，你的表现会自然而然变得更好。但是，如果你只关注自己的表现，那么你就不太可能从演讲中获得快乐和乐趣。在这种情况下，你获得的将会是焦虑和压力。因此，我的朋友，给你一个小建议：尽可能学着去享受自己，享受乐趣，你的表现力便会自然而然获得提升。

工具 7：感受冷与热

当我们受热或受冷时，身体都会释放催产素。这似乎有点自相矛盾，但我马上就要讲到，这其实是有道理的。首先，催产素可由高温触发，当我们洗热水澡、躺进温暖的被窝、坐在桑拿房里，或者顶着大风和 $-20\mathrm{℃}$ 低温进入开了暖气的车里时，都会产生催产素。所有这些情况都有一个共同点：它们让我们感到舒缓和放松。这正是我们冲冷水澡或蒸桑拿后想要达到的效果。我们已经证明，催产素会在压力下分泌，那么想想看吧，还有什么能比冰浴或芬兰燃木桑拿给身体带来的压力更大呢？我们的肾上腺素和去甲肾上腺素飙升，身体的应激反应越来越强烈，催产素便由此被释放出来，让一切平静下来。

工具 8：常怀感恩之心

感恩是一种近乎神奇的情感。它可以提高幸福感，减轻压力，帮助我们从某些伤害和痛苦中恢复过来。首先，让我们模拟三个不同的场景，讨论何谓感恩。在这里，我们设定了三个不同的角色，并让他们入住同一家酒店。

第一个人对生活充满不满和抱怨，她总是从周围的一切事物中寻找缺点。刚一到酒店，她因为要等 10 分钟才能拿到电动汽车充电器而十分恼火。在一切安排好后，她的车充上了电，而她的肩膀又撞上了旋转门，因为它转得太慢了。到了前台，她又不得不排上 10 分钟的队，这段时间里她一直在抱怨这酒店的布局有多么愚蠢、附近有多少孩子在大声喧哗，以及她的肩膀怎么那么疼。终于，她拿到了房间钥匙，但由于电梯出了故障，她只能走楼梯。她愤懑道："我花了钱就是来买这种罪受的吗？"

第二个人有着和佛教宣扬的中正平和比较类似的心态。她的遭遇和第一个人一样，也要等待汽车充电器，也会撞上缓慢的旋转门，也要排队，也要爬楼梯。然而，她面对这一切时，不急不躁，平心静气。她打开自己房间的门，不再想刚刚遭遇的一切。她只是顺其自然，这种处事态度让她感觉挺好。

第三个人，一到酒店就高兴地欢呼："耶！这里有电动汽车充电器！我真幸运！"在等待汽车充电的过程中，她欣喜地想到，自己的汽车已经充满电，明天就可以开始下一段旅程了。进入酒店时，她的肩膀被缓慢的旋转门撞了一下，但她只是笑了笑，感谢生活给了她一个提醒，让她不要总是步履匆匆。进入酒店，她欣赏着华丽的大堂，享受着餐厅飘来的美食香味，研究着建筑布局、艺术品陈列、色彩搭配和家具。"对不起，让您久等了，欢迎光临！请问要办理入住吗？"她甚至都没有注意到自己排了 10 分钟的队。她感激地接过钥匙，走向电梯，结果发现电梯坏了。但这只是让她想起了她读过的一本书，书里说人们一般都很懒，总是选择自动扶梯，所以她只是笑了笑，对自己说："那太好了，我今天可以走楼梯锻炼一下了！"她一到房间，就会喝下满满一杯"天使鸡尾酒"，这都要归功于她充满催产素的情感，让她满怀欣赏、感激、幸福与愉悦！

大多数研究结果表明，如果你能训练自己的心智如上述第二人、第三人一样可以应对不同的情况，那么你的生活就会大大改观。佛家认为，人应接受事物的本来面目，不去评判其好坏，这样就非常好！尤其是当你经历大起大落时，它会非常有用。一个简单的例子可能是社交媒体。如果你发布的内容反响不佳，你便会产生负面情绪；而如果你发布的内容反响很好，你则会感到欢欣鼓舞。如果你总是受他人评价的强烈影响，那么你的情绪就会像是坐过山车一样。在这种情况下，无欲无求的佛教徒心态可以是很好的应对之策。另外，我们也可以效仿上述酒店例子中的第三个人：与其关注别人的反应，不如关注让自己快乐的事。这将有助于我们远离因他人批评而产生的负面情绪。

再看上述第一个人，难道她的做法没有任何可取之处吗？确实没有。可能你等到头发都白了，也等不来任何证明"长期处于消极状态有助于身心健康"的研究。如果你想做出更明智的决定、有更好的心态、建立更健康的人际关系、少生病、活得更久、在生活中少遇到些麻烦的话，那么保持中立的、积极的或者两者结合的心态才是可取之道。

在我与抑郁做斗争的岁月里，感恩之心是我明显缺乏的东西。那时我是个不知感恩的人，总是在寻找一切人或事的缺点。现在看来，缺少感恩之心显然是我陷入这种困顿的重要原因。我每天都很消极，持续处于压力状态之中，而压力反过来又让我的血清素水平降低，使我更容易受到炎症的影响。那么催产素呢？老实说，我已无法自行分泌催产素，除非与妻子亲密接触。我的催产素分泌完全依赖于另一个人。当时的我别无他法，但这种依赖其实对亲密关系中的任何一方来说都不是什么好事。毕竟，爱应该是相互的、无条件的。换句话说，我没有办法独立解决自己的问题。

我的心路历程相当漫长，但最终，我开始练习感恩。有时候，我是通过冥想来做到这一点的。在冥想中，我专注于人、事、物、自身以及自身成就，并尝试着对它们心存感激。我坚持写日记，每天写一篇，记录下当天令我感激的三件事。过了一段时间，我不再写了，而是躺在床上想这三件事。事实证明，这和写下来一样有效。七年后的今天，我依然几乎每天早晚都进行这种感恩训练。我付出了巨大的努力，将不知感恩的消极思想转化为心存感恩的积极思想——这是我至今仍需练习的技能。与那时相比，现在，我对生活充满了感恩。但遇到压力时，我之前消极的情绪往往会再次出现，我告诉自己必须积极地克服它们，用这个问题取而代之："我应该感恩什么？"

"黑暗催产素"

要知道，生活并不全是鲜花和掌声，并不会一帆风顺。像大多数事物一样，催产素也有缺点，尽管一般情况下意识不到，我们中的大多数人都被这些缺点影响。现在，让我们看看催产素是如何为"魔鬼鸡尾酒"助纣为虐的。我想向大家介绍一家虚构的公司，就叫它"Cruel-T公司"吧。像其他公司一样，它有一个产品开发团队和一个销售团队。不幸的是，这两个团队都下意识地选择使用"黑暗催产素"来建立各自团队成员的归属感。销售团队在背后议论产品开发团队，说他们是懒鬼和"没有感情的工程师"。

茶歇时间，销售人员都在讨论产品开发团队的某些组员有多糟糕，还有流言蜚语说他们德不配位。不管这些传言是真是假，只要能把他们贬低一番就行。产品开发团队自然也是如此。这样行得通吗？是的，行得通。现在的企业运作得很好。根据我访问过和工作过的所有公司的情况，我个人认为，这种"黑暗催产素"在企业内部要比"阳光催产素"更常见，并且起了凝聚作用。诚然，它非常有效，但仔细想想，"有效"其实是一个相当低的标准。组织中的人们本可以感觉更好，取得更大的成就。

现在，我们要明确一点：人体内的催产素并不是真的有"光明"和"黑暗"之分。我用这两个词来修饰它们，只是起到一种隐喻作用，我是想让大家明白，催产素有两面性，虽然在某些方面互相对立，但仍然会导致类似的结果。

催产素被认为是宗教激进主义存在的原因之一。我们对群体归属感的渴望是如此强烈，甚至可以超越我们自身的道德和伦理信念。能否融入一个群体，往往比生活中其他大多数事情都重要！

以下是一个有趣的思维实验，你可以试一试：下次当你遇到挫折或与亲密朋友甚至是伴侣发生摩擦时，注意一下你是如何"修补"这段关系的。在这种情况下，人们会突然谈论起八卦，比如身边某对情侣之间的关系更糟糕，或某个朋友的情绪更抑郁，这是非常常见的。通过贬低他人来抬高自己，试图修复冲突造成的伤害，这就是使用"黑暗催产素"的实际例子。而这恰与正确的做法背道而驰，你应该通过用心倾听、接纳和尊重来修复破裂的人际关系；假如你是一名领导者，你应该鼓励你的团队成员利用"光明催产素"，而不是"黑暗催产素"来建立他们在团队中的归属感。

那么，什么是"光明催产素"呢？它其实就是我们在本章中一直讨论的除"黑暗催产素"之外的所有其他东西。它是指你通过认真倾听他人、向他人展示自己的长处、表现慷慨、表达感激、邀请他人参与，以及善待他人等方式与他人建立联系。如果你是一名职业经理人或领导者，最好避免在部门之间开展竞赛等会使员工产生冲突的活动。更妥当的方法是鼓励部门员工间的合作，这样有助于人们在活动和工作中增进对彼此的了解。

一天，我接到一位女士的电话，她向我倾诉，她作为人力资源中心负责人，目前正面临着巨大的挑战。她所在的公司规模很大，是瑞典最大的上市公司之一。而她认为，公司最近之所以频频失败，很大一部分原因在于管理团队内部无法正确处理摩擦和分歧。于是，她问我："我知道你是这方面的专家，你能给我一些建议吗？"我问了她一些问题，然后答应她："给我两个小时，我想我能搞定！"她笑了。"你不知道我们已经在这个问题上耗费了多少精力！两个小时能管用吗？"而我给她描述了我的催产素方法之后，她几乎立刻就同意了。我来到她所在的公司，做的第一件事就是安抚管理团队，给他们以安全感。我让他们用缓慢的语调分享生活中对他们产生深刻影响的挫折经历。每个人以不同的形式诉说，最终分享了两个小时之久。两个小时后，有些人的脸上都淌满了泪水，妆容也花了，他们互相拥抱，开始用一种前所未有的眼光看待彼此。过去的几年中，他们付出了无数的努力试图解决问题，却都是徒劳，除了促进"黑暗催产素"的分泌外，最终什么也没得到。而这两个小时却在他们之间建立了更强的联系感。

处理这种事情不能操之过急，这一点非常重要。分泌催产素需要一些时间，你必须慢慢地提高其水平。正如我之前提到的：你不可能跑到大街上随便拉一个陌生人，拥抱他、深情凝视他，再问他十个私密的问题，就说和他建立了亲密关系。"黑暗催产素"的作用过程与此类似。霸凌者的小团体是通过一连串微妙的嘲讽、支配行为逐渐形成的，他们通过贬低其他群体或个人来增强自己小团体的归属感。你需要反思自己的行为，或者观察其他人的行为中是否存在这种倾向。如果你能及时发现"黑暗催产素"的存在，也许就能阻止它如病毒一样传播。

长期以来，我一直努力遵守一条原则："不在背后说别人坏话。"以前，我和朋友闹矛盾时，我会本能地想说别人的坏话，但我现在一般都能克制自己的言语。我将这种行为视为一个警示信号：如果有人在我面前说别人的坏话，那么他很有可能也会在别人面前说我的坏话。与其这样，还不如直接和当事人沟通。

工具9：观察你的想法

在即将结束本章时，我想讨论一下"讲故事"这项技能，及其与催产素和一般情绪之间的联系。你可以把自己的生活想象成一个故事，一个包含人物、挫折经历和成功的故事。你的大脑中很可能充满了成千上万个小故事，你会不时地对自己重复这些故事。你记忆中的每一次相遇、每一个你记得的事件，都是一个故事。当我们聆听一个与我们自身境遇相似、足以引起共鸣的故事时，催产素会被释放出来；而当我们听到一个带来压力的故事时，释放出的则是皮质醇。事实上，讲故事的技巧和故事的实际内容一样重要，都密切关乎情感的激发。当你反复回忆一件事时，记忆会在不知不觉间将其放大。如果你选择反复回忆那些令你感激、充满幸福和崇敬之情的经历，你的"天使鸡尾酒"便会增加，反之，则会增加"魔鬼鸡尾酒"。所以，这就是秘诀所在：学会观察自己的想法，让自己意识到大脑试图让你思考的故事，反思那些回忆是否给你带来了积极的情绪，然后决定是否要做出改变。你最好马上开始，坚持去做，坚定不移地消除一切突然出现的负面叙事。你可能得花上几个月的时间，才能成功训练你的大脑自动向你讲述那些关于自己、当前和过往经历的正能量故事。但我向你保证，你付出的时间和精力绝对是值得的。

如何更好地观察自己无意识状态下的思维活动？我有三个建议：

1. 冥想。它是一种绝佳的技巧，可以将你无意识的想法与你的反馈隔离开来。也就是说，它创造了一个空间，使你有余地审视自身产生的想法，并决定是否要继续这么想下去。
2. 正念。它是一种让你放下一切，只专注于当前所做事情的方法。无论什么时候，当你发现自己正在开小差，这实际上恰恰说明你正在集中精神。将飘忽不定的思绪带回来，这代表了一种成功，而不是一种失败。

3. 用第三人称与自己对话。这是指把自己当成另一个人，并对自己说类似这样的话："原来你在这里看书呢。你感觉如何，一切都好吗？"接下来，继续与自己对话。你会发现，你很快就能了解到自己的想法了。即使你做不到很快，无论花多长时间，这种方法都值得坚持。一旦你掌握了这种方法，你就打开了完全控制自己思想的大门。现在你就可以把这本书暂时放在一边，尝试一下将自己当作虚构的第三方，问自己一些问题。

我一直在练习观察自己的想法，差不多有7年了，这意味着我几乎能听到大脑中的每一个声音，包括它选择让我思考的每一个词、每一个人物和每一种叙事。我也很少对大脑主动选择的东西感到惊讶。它的大多数选择都是可以预测的，虽然偶尔也会产生我意想不到的想法。每当这种情况发生时，我都会花一点时间去思考这个想法可能来自哪里：是我读到的一篇报刊文章，还是我看到的一部电影，还是某个人对我说了什么，或者只是某种微妙的气味触发了我内心的某些东西？我最终总会找到答案，而且这样做非常有趣！就像是一名侦探，通过蛛丝马迹摸查自己的心理。所以，当有一天，我的大脑似乎凭空产生了一大堆抑郁的想法、情绪、记忆和故事时，我的惊讶可想而知。我很震惊，并告诉了妻子，我对她说："这种事发生在我身上太奇怪了，我不知道为什么会这样。我试着去想办法，做笔记，画思维导图，研究所有可能的原因，但我还是毫无头绪……"这种情况一直持续到两天后，在阅读了数百份研究报告后，我了解到了一些对我来说具有决定性意义的东西，那就是血清素与炎症之间的联系。我们将在下一章讨论这个问题。不过，在此之前，我还留了一项最好用的催产素"撒手锏"，准备在本章最后告诉你。

工具10：试试荷欧波诺波诺法

在我传授的数百种工具中，毫无疑问这是最强大的一种。荷欧波诺波诺（*Ho'oponopono*）是一种源自夏威夷的古老情绪释放疗法，旨在消除个人对他人的愧疚和亏欠之情。它需要你说出以下四句具有神奇疗愈力量的短句：

我爱你，对不起，请原谅我，谢谢你。

我相信行动的力量，所以让我们马上来实践一下吧。非常重要的一点是，你要先熟记这些短句，这样你就可以不假思索地对自己说出它们。当你熟记后，舒服地坐下来，闭上眼睛，在心里对自己、对那些给你的生活带来积极或消极影响的人说出这些短句。说完一圈后，再对自己说一次，以此作结。这个工具的力量巨大，大约一半尝试过的人都会发现自己流下了感激的泪水。你还可以放一些舒缓的背景音乐，这会让你的催产素叠加效果更强。你还可以准备一些纸巾——你很可能会用到它们。尽情享受吧！

曾经有一位学员在课堂上告诉我，在他工作的第一年里，他的上司对他的态度非常恶劣。尽管他也得到了一些半心半意的道歉，但他仍然得忍受每天面对老板的痛苦。每一次，他都觉得胸口像被捅了一刀。无论他怎么做，这种痛苦都不会消失，只会越来越强烈。直到有一天，他在我做客的播客中听到我描述的荷欧波诺波诺法。他下定决心要做出改变，并决定每次遇到他的老板时都在心里重复这些短句，一天重复好几次。三周后，他发现自己的痛苦和消极情绪似乎不知不觉地消失了；一个月后，他面对老板时完全没有任何消极情绪了。多年来，有无数的学员向我讲述了类似的故事，描述他们是如何在生活中应用荷欧波诺波诺法的。

本章小结

没有催产素的"天使鸡尾酒"是不完整的。催产素让你享受人与人之间的亲近感、安全感、联结感和归属感。催产素治愈你的心灵，使你成为完整的"人"。每一天，每一个清晨，你都应该寻找机会体验敬畏和惊奇，保持一种刻意感恩的心态，为分泌催产素搭建舞台。你可以通过社交互动、向他人敞开心扉、分享、交谈、关心他人和帮助他人等行为来分泌催产素，每一个拉近距离、产生同理心的时刻都是特别重要的时刻。无论你是回到家中与家人团聚，还是精心准备一场约会，抑或是面临一场绩效考核，你都可以运用荷欧波诺波诺法，或看看手机里可爱的图片激发同理心和同情心，以此将一些额外的催产素添加到你的"天使鸡尾酒"中。

第三章

血清素
——创造满足感与好心情

我喜欢血清素！满足感、稳定感以及无须不断追寻某种东西就能给我带来一种基本的幸福感。血清素可能是我们在本书中要讨论的物质中最难掌握的一种，但如果你能耐心听我解释，我一定会让你无障碍地读完这一章。为了给我们讨论血清素搭建一个清晰的背景，让我们再次回到过去，与石器时代的朋友邓肯和格蕾丝一起，探讨血清素与社会地位之间的联系。

社会地位意味着什么？

回到2.5万年前。这个世界一切安好，生活总体来说十分和谐，没有什么压力。邓肯和格蕾丝是他们部落的非正式领袖，他们二人都位于社会秩序的顶端，这意味着他们可能是部落中血清素水平最高的人。他们拥有所需的一切：食物、伴侣和住处，身上穿着部落里最高档的毛皮衣服，拥有装饰精美的登山杖。直到有一天，一切都变了。邓肯和格蕾丝发现远处有一大群人正在向他们靠近。他们拼命跑回部落，告诉其他人要警惕。大家很快都站了起来，准备迎接这些敌友莫辨的陌生人。幸好，这些陌生人看起来很友好，但他们的文明显然比邓肯和格蕾丝的部落更加先进：他们的行为举止更加老练，穿着邓肯部落的人做梦都想不到的精美毛皮衣服——更不用说他们的登山杖了！部落里的居民很快就对这些新成员趋之若鹜，他们似乎在群体中占据了越来越多的空间。邓肯和格蕾丝开始感觉他们的社会地位受到了威胁，他们可靠的食物来源、伴侣和居所也受到了威胁。他们的压力大大增加，血清素曾经带来的和谐感也消失了，取而代之的是焦虑。格蕾丝变得非常沮丧，她跑到树林里散步，想让自己平静下来。但这无济于事。她愤怒地将一块燧石扔向一块大石头，结果迸发出了火花！这时，她的情绪骤然高涨，因为她体验到了多巴胺的快感——那是什么？她一次又一次地尝试，直到她意识到她可以用这两块石头来生火。格蕾丝跑回部落，向邓肯演示她的发现。部落里的人都不敢相信自己的眼睛。用石头生火？多么神奇的发明啊！邓肯和格蕾丝再次成了英雄，重新成为部落的领袖。他们的血清素水平回升了，和谐的感觉又回来了，因为他们再次站在了社会秩序的顶端，食物、伴侣和住处都有了保障。

回到现实

研究表明，血清素与社会地位密切相关。地位最高的人血清素水平也最高。这些人往往是生活最和谐、压力最小的，也是最健康的，因为他们觉得自己可以获得所需的一切，而且不会受到任何威胁。一旦他们的社会地位或身份认知受到威胁，血清素水平就会受到影响，如果因此产生压力，那么反过来又会引发攻击性行为。那些认为自己处于（或实际上处于）社会等级制度最底层的人，血清素水平往往最低，因此他们经常承受压力，健康状况不佳。就像我们刚刚提及的邓肯和格蕾丝的世界一样，部落中没有特权、地位最低的成员永远无法预知他们刚刚抓到的兔子最终是属于自己的，还是会被地位更高的人拿走。

我们与世界上大多数哺乳动物一样，对社会地位的感知会产生基本相同的生物反应，但人类在两个重要方面有所不同。

第一个差异是，我们同时存在于多重社会秩序中，这意味着我们的社会地位在一天中可能会发生多次变化。你的一天可能从在公司咖啡室被你的老板训斥开始。每个人都默默地看着你，你垂头丧气地回到工位，感觉很压抑。你的社会地位受到了打击，血清素也随之下降。然而 6 小时后，你来到了保龄球馆，在那里你是风云人物。你在当晚的比赛中又得了满分 300 分，观众为你欢呼雀跃，你的血清素和心情也相应地得到了提升和改善。我们在生活中遇到的各种社交场合都会使我们的血清素水平和情绪发生巨大变化，这取决于我们在哪里、和谁在一起，以及我们相对于他们的社会地位如何。

第二个差异可能没那么简洁明了，这与我们在各种社交媒体上看到的难以理解的社会结构有关。我们的大脑实际上无法判断，好莱坞电影、网飞平台的节目和社交媒体中呈现的东西是否如实反映了我们所在社会的真实结构。如果地球另一端的某个人碰巧拥有比我们更好的车、更大的房子、更多的钱、更迷人的外表、更出色的能力和更成功的事业，我们的大脑就会下意识判断他们的社会地位凌驾于我们之上，从而导致我们的血清素水平降低，压力指数上升，甚至在极端情况下带来无法排解的绝望情绪。然而，这些东西也可以激励我们。例如，拥有强烈自尊心的人在看到别人的成功时，往往会备受鼓舞，渴望取得像成功人士一样的成就。

有时，人类所独有的发达前额叶皮质可以帮助我们理智地认识到：社交媒体上的大部分内容都是虚假的，新闻中报道的内容也不一定真实；好莱坞展现的浪漫形象往往是扭曲的，现实生活也并不像网飞平台的连续剧那样令人兴奋……这种特定的、虚构的社会地位感知便被中和、瓦解。注意，我写的是"有时"。这种理性与"社会地位感知"一样,属于古老的本能,要将其调动起来并加以应用,仍然是一件非常困难的事情。但有些人已经做到了,并且天生就比其他人做得更好。除了天赋之外,年龄可能也是一个原因,毕竟大脑中具有调节情绪功能的前额叶皮质要到 25 岁才发育完全。这也意味着,孩子和年轻人更易受到社交媒体影响,更易相信这些人为捏造的社会地位信息。

是什么赋予了我们社会地位?

针对灵长类动物的研究表明,影响它们社会地位的主要是力量、体形和好斗性等属性。值得一提的是,人类的社会地位还受一系列其他变量的影响,如金钱、外貌、衣着、资产、年龄和"登山杖"等,除此之外,还有一些更微妙的变量掺杂其中。比如,我们可以利用意志力,再比如利用行为策略、语言、肢体语言、暗示、合作、与他人建立联系等方式来改变我们的社会地位。

我的亲身经历可以证明,社会地位对血清素水平有着重要影响,尤其是在使用社交媒体时,影响程度之大令人咋舌。在很长一段时间里,我都深受嫉妒之苦,看到别人比我成功、比我享有更高的社会地位时,我甚至感觉身体都在疼痛。在我看来,他们的社会地位似乎在某种程度上影响了我自己的社会地位。但我现在知道，事实显然并非如此——这个世界太大了，这点小事根本不算什么。然而，如果回到12 000年前狩猎采集时代，部落内仅有100多人，那么社会地位的不同则会带来巨大的影响。在这种群体中，处于社会顶层的人会剥削其他人，享受舒适的生活，剥夺其他人养家糊口和寻找最佳伴侣的机会。如今，这个"上流"群体由每天在社交媒体上发文的那10亿"成功人士"构成。尽管看似荒谬，但我曾经真的为此感到过痛苦，每次打开社交平台，看到人们满面笑容地乘着游艇离开他们富丽堂皇的家，我都会觉得自己很失败。是什么让我变得如此容易嫉妒？我自己也说不清楚——也许与我的抑郁状态有关。因为随着抑郁状态的消退，我开始变得更加自尊自爱，嫉妒也越来越少。

有两件事可以让你的血清素水平提高：在社交场合受到赞美，或是成为人群的焦点。所以，请记住，你也可以为其他人做同样的事情——血清素是最容易"传染"的。多赞美你身边的人，他们会因此而更加爱你，也会以相同的善意回报你。赞美还有一个有趣之处在于，其影响力在一定程度上取决于赞美者的地位。如果赞美你的是巴拉克·奥巴马或其他享有类似较高地位的人，你的反应会与听到街上随便哪个陌生人的赞美截然不同。但是，如果夸奖过度，也可能会有捧杀之嫌。因此，在赞美别人的时候一定要真诚，并且谨慎。

如果赞美可以影响我们的血清素水平，那么批评很可能也有相同的力量。这里有一个重要的因素在起作用，它强烈影响着我们接受赞美和批评的方式，那就是自尊。让我们先来定义一下自信和自尊之间的区别。我听过的最好的版本是：自信是你对自己从事各种活动的信任程度。我个人觉得这个定义很符合实际。如果你打了很长时间的篮球，赢了很多场比赛，达到了很高的技术水平，那么你可能会对自己打篮球的能力非常自信。而你的自尊则反映了你如何看待自己，一个自尊心强的人能够发自内心地说他是爱自己的，对自己的身份有安全感，很高兴成为现在的自己。自尊心强的人在面对失败时可能会说："不管怎样，我已经尽力了，我问心无愧。"而自尊心弱的人则可能会说："我不配打这种水平的球赛，我太差劲了！"

现在，让我们回头，再讨论一下赞美和批评如何以不同方式影响人们。如果一个自尊心很强的人在外貌上被人指摘，他可能不会受到太大的影响，因为他并不觉得自己的价值在于外表，他们普遍对自己很满意。我也很清楚，这些人对赞美的反应也不一样，不过，他们往往不把赞美当回事。毕竟，他们本来就认为自己很出色，并不那么依赖外界的认可。反过来说，自尊心弱的人可能一辈子都在努力吸引别人的注意。当他们得到别人的关注时，他们感知的社会地位就会得到提升，他们就会觉得自己很棒。反之，如果这个人因为某些事情受到批评，在他心中自己的社会地位就会一落千丈，心情也会随之坠入冰窟。我经常这么形容：自尊心弱的人的生活好比坐过山车，他们总在深陷挫折的绝望与和谐满足的幸福中上下起伏。

血清素的作用之一：满足感

当你觉得自己的社会地位没有受到威胁时，你往往会停止继续追求更高的社会地位。此时，一种满足感充斥着你的内心。知足常乐是人类的一种奇妙状态，它能让我们更专注于当下，享受我们已经拥有的一切。如果你想达到这种境界，就不要过多地将自己与他人进行比较，尽量做到知足常乐。

血清素的作用之二：好心情

对大多数人来说，一年中的什么时候心情最好，什么时候最快乐？大多数人的答案会是春季和夏季。当然，最自然的解释就是阳光让人心情愉悦。但同时，血清素还受到其他因素的影响，包括运动、睡眠和饮食。不得不说，在本书讨论的所有物质中，最重要的就是血清素，你选择的生活方式往往可以决定其多少。如果你的情绪稳定而积极，那么生活对你来说就会轻松很多，其他方面的改变也会更容易实现！因此，请特别关注以下工具，并着重学习如何使用它们，将血清素添加到你的"天使鸡尾酒"之中。

工具1：培养自尊

第一个工具强调的是克服自卑。过去的我一直因自卑而苦苦挣扎。每当我觉得别人的社会地位比我高时，我都会嫉妒，承受巨大的压力。那么，该如何去培养自尊呢？或者，更具体地说，如何通过练习让自己不受他人社会地位的影响呢？

1. 爱自己。怎么才能做到呢？和许多人选择不爱自己的方式一样：不断地重复，并设计一个特殊的小仪式。比如，当你做对一件事时，赞美自己——拍拍自己的背，让自己知道自己有多棒。
2. 不要因自己的错误而批评自己。你只需承认错误的存在，并下定决心从中吸取教训就好。然后，再为自己的这种想法点赞，而不是像以前那样为难自己！思而不学的自我批评没有任何实际意义，它只是一种条件反射式的习得反应，很可能是你在成长、接受学校教育或其他类似的社会化过程中养成的坏习惯。
3. 自卑源于对自己的评判。爱评判自己的人往往也更爱评判他人。好的一面是，当你学着不去评判他人时，你对自己的评判也会减少。你需要不断地练习，直到再也不以评判的眼光审视他人。人类的有趣之处在于，我们总是轻易地评判他人，却不考虑其行为的根本原因。如果有人在车流中以愚蠢而危险的方式超车，你很可能会觉得他们很让人讨厌，而根本不会考虑他们超车的原因是什么。然而，当你以同样愚蠢和危险的方式超越别人时，你却会为自己的行为找一些理所当然的借口：你着急赶去医院，你因刚刚分手而心烦意乱，或者你注意到路边有一些碎石，不得不变道避开飞溅的碎石，以免划到车身等。

4. 下面是我最喜欢的一种方式，很长一段时间我一直用它来练习自爱，那就是画一颗心，把自己的名字写在这颗心中央。试试看吧。如果这样做让你感觉不舒服或奇怪，那说明你真的需要练习去做这件事了。淋浴时，水汽覆盖淋浴间的门，我就在门上画了许多写有我名字的心形图案。爱自己，这是你能做的最重要的事情——当你做到这一点时，它会让你的社会地位更加稳固，让你不那么容易在乎别人对你的看法。

5. 观察冥想是冥想的一种形式，对提高血清素非常有效。你需要以放松的姿势坐下，平静地呼吸。专注于缓慢而深长的呼吸。观察冥想与专注冥想不同，在专注冥想中，你必须始终专注于你的呼吸；而在观察冥想中，你可以让思想进入你的头脑。它们一出现，你就立刻远离它们，从远处观察它们，不做任何评判。一连串的念头不断闪过你的脑海，你要做的只是继续观察它们。这种冥想的益处是，即使在冥想结束后，不加评判的习惯也会保持到你的日常生活中，久而久之，你便不会再对自己和他人的行为加以评判了。

6. 养成习惯，当你发现有负面的想法即将冒出时，马上说出关于你自己的三件积极的事情。

7. 每天晚上，把一天中你做得好、让你感到自豪的事情记录在你的感恩日记中。

我喜欢血清素，喜欢保持积极、平衡的情绪，也喜欢知足常乐。我曾向来自世界各地的近5万人提出过一个相当有趣的问题："你在什么时候会感到平和，因超然物外而体会到与追求更多东西（多巴胺）无关的幸福感？"来自世界各地的答案都惊人地相似："当我在树林里时"、"当我骑马时"、"当我在我的小木屋里时"、"当我钓鱼时"、"当我在海边时"、"当我滑雪时"、"当我演奏音乐时"、"当我摆脱所有义务时"、"当我锻炼时"、"当我练习爱好时"、"当我潜水时"或"当我冥想时"。所有这些答案的共同点是，它们指的都是没有压力的情况，而且似乎涉及的都是不会对个人社会地位构成威胁的活动（5万名受访者中没有一个人提到过竞争）。当然，不可能说所有这些答案都百分之百能产生血清素，但它们确实都是常见的血清素来源。

工具2：更好地平衡多巴胺与血清素

多巴胺和血清素之间最大的区别是什么？简单来说：多巴胺希望以某种方式推动你前进，它能增加你的动力，让你关注自己和自己身体以外的事物。多巴胺会让你感觉需要更多的东西来满足自己的需求，而当你满足了这些需求后，血清素就会被释放出来，抑制你的冲动。一个简单的例子就是食物。如果你饿了，你的多巴胺就会开始启动，确保你能找点东西吃。当你逐渐吃饱后，多巴胺的分泌就会减慢，最终被血清素所取代。最常用来描述这种效应的术语是稳态。因为，你的大脑追求稳态，任何偏离正常状态的行为都会触发某个开关，多巴胺随即开始活动，让你迫不及待地想要做些什么。

换句话说，多巴胺会让你觉得你想要一些你还没有拥有的东西，而血清素则让你满足于已经拥有的东西。这两种状态在我们的生活中扮演着截然不同的角色，我们有必要付出些努力，尽可能全面地掌握这两种状态。

有些人更容易受到多巴胺的驱动，他们尝试新事物的动力似乎永不枯竭。或许你自己正是这样的人，也可能你有这样的朋友。我就是这种人。一方面，新想法在我的大脑中无休无止地涌现；另一方面，我也会很快对它们失去兴趣。老实说，多巴胺让人拥有相当疯狂的雄心壮志，而且永远不会厌倦。与之相反，你也可能是比较容易满足的人，而且一直如此——或者，至少你有朋友是这样。当然，在被多巴胺驱动还是被血清素驱动方面，人与人之间存在着很大差异，这两种物质可能会以各式各样的比例与组合存在于体内。偏向哪一种类型，究竟是天生的，还是后天习得的？科学界尚未有定论。但无论如何，对本书要讲述的内容而言，答案并不重要。重要的是，你应该知道，由于大脑具有神经可塑性，你可以影响并塑造自己的行为。

"多巴胺驱动型"的人，可以通过减少刺激多巴胺的释放来平息他们的"狩猎欲望"。举例来说，你可以学着克制自己，不再一味地追求下一个多巴胺兴奋点，而是慢慢地体验生活、享受生活、活在当下。就我个人而言，我主要采用三种方法来控制多巴胺：第一种是尽量摆脱自己身上的责任重担；第二种是强迫自己进行释放慢多巴胺的活动，比如看书，培养钓鱼、绘画等实用的爱好；第三种是专注冥想，在静坐的过程中感受自己的呼吸或心跳。

根据我与"血清素驱动型人格"的客户打交道的经验，他们可以通过以下这种方式来提高他们的狩猎欲望：先设定一些小目标，逐步实现它们，然后再设定更大的目标，这往往能带来更大的动力。同样重要的是，要明确设定开始工作和结束工作的时间，因为他们中的很多人都容易沉溺于现状，从而无法完成计划中的大部分工作。事实证明，列出"待办事项清单"这一方法也非常有效。

从历史上看，过去人们体内的血清素和多巴胺更为平衡，而现在，大多数人都沉醉于现代生活的多巴胺盛宴中。你允许消耗多巴胺的阈值越高，你对多巴胺的渴望也就会越强，久而久之，你就越有可能错过血清素带来的自然满足感和幸福感。

工具3：多接触阳光

我们的第三个工具是完全免费的。在墙壁之外、窗户之外、在电脑屏幕之外，你会发现一种最重要的补充剂。地处北方的国家已经通过研究反复证实：许多人在冬季更易情绪低落。这并不是因为我们笑得少了，社交活动少了，运动少了，吃的食物差了，而是因为我们没有获得足够的阳光。造成这种情况的主要原因之一是，太阳在每年的这个时候几乎还未升起就开始落下。第二个原因也同样重要：室外天寒地冻，我们更倾向于待在室内。幸运的是，寒冷并不会影响阳光对情绪的改善作用，那么，剩下的唯一重要的因素就是我们接触阳光的程度和时间。在蓝天白云、艳阳高照的日子里走一小段路，接触到的阳光要比在阴天走同样长的路更多。因此，如果你在阴天散步，记得多走一会儿，以此来确保接触到充足的光照。

为何太阳如此重要呢？嗯，阳光会影响你身体里的血清素水平。这意味着，在你不出去晒太阳的日子里，你是在自愿放弃提高血清素水平。用更专业的术语来说，阳光会减少突触间的血清素的摄取，这意味着它的医疗效果类似于常见的抗抑郁药 SSRIs（5–羟色胺选择性再摄取抑制剂）。简单地说，阳光能让你更长时间地"享受"你所拥有的血清素。对大多数人来说，偶尔缺少一天阳光并不是什么大问题，但如果连续多日缺少阳光，比如身处北方的冬季，则会导致人的情绪明显不同，有些人甚至会发展成季节性情感障碍（SAD）。这种疾病会导致人们在一年中阳光不足的月份出现季节性抑郁。我喜欢收集有关我自己的数据，因为它可以帮助我了解和认识我自己，否则我永远也没法想到这一点！如果你碰巧和我有同样的爱好，我想给你一个很棒的建议：记录你一整年每天获得的光照量，并用 1~10 分的量表记录你每天的心情。它会激励你开始把阳光当作每天需要的精神食粮般坚持摄取，就像早餐、午餐或晚餐一样重要。

那么，如何获取阳光呢？阳光对我们有两种影响。首先，影响你每天的血清素水平的，是进入你眼睛的光线有多少，这意味着阳光实际上并不需要接触你的皮肤；其次，照射到皮肤上的阳光影响的是你的维生素D水平。维生素D对延缓衰老、减少焦虑、改善心血管健康、维护免疫系统、改善视力和保持骨骼强壮都很重要。最重要的是，维生素D还能间接促进血清素的分泌。在天色阴冷的月份，你不可能穿得那么轻便，皮肤也照不到阳光，因此我强烈建议你在饮食中补充维生素D。乳制品以及其他添加维生素D的食物都是优质的来源。如果你的饮食中缺乏维生素D，你甚至可以直接服用维生素D补充剂。

总结一下这个工具：不管是在什么日子、什么季节，也不管你有什么计划，一定要抽时间去散步！

工具4：合理饮食

为什么好莱坞电影中的人在遭遇心碎事时做的第一件事总是大口大口地吃冰激凌和甜食？为什么电影中的人在经历危机时，总会留下一地的比萨盒和快餐？在遭遇精神困境时，是什么让我们中的大多数人更容易受到不健康食物的诱惑？

其中一个重要原因是，当我们摄入碳水化合物时，色氨酸会被间接释放出来。色氨酸是人体分泌血清素时使用的一种物质。我们吃的碳水化合物越多，色氨酸就越多，因此，我们的大脑就能获得更多分泌血清素的原料。事实上，观察这一点其实很有趣：如果你发现自己吃的碳水化合物越来越多，这可能表明你体内的色氨酸不足了，而色氨酸不足也可能意味着你的情绪不那么平衡，或者更加忧郁。如果这种感觉持续存在，请务必在第一时间解决它。情绪失衡的时间越长，就越难控制和恢复。

接下来，让我们来详细了解一下色氨酸。色氨酸是一种氨基酸，是产生血清素的基础物质，我们能够从食物中获取这种氨基酸。如果色氨酸摄入不足，就会影响血清素的生成能力。色氨酸含量最丰富的食物包括火鸡肉、鸡肉、金枪鱼、香蕉、燕麦、奶酪、坚果、种子和牛奶。你也可以购买色氨酸作为膳食补充剂。不过，在引入一种新的膳食补充剂之前，你一定要咨询医生——如果你已经在服用其他药物，尤其是抗抑郁药，这一点尤为重要。

血清素的另一个有趣之处是，人体内90%~95%的血清素都在胃里。长期以来，人们一直认为肠道中的血清素与大脑中的血清素之间没有联系，因为人们认为血清素无法穿透血-脑屏障。然而，卡伦-安妮·麦克维·诺伊菲尔德等人在2019年进行的一项有趣研究表明，两者之间可能存在联系，而且这种联系可以通过迷走神经进行调节。在过去几年中，我们看到了大量关于微生物组和大脑-肠道连接对心理健康影响的研究。尽管这些研究相当复杂，但它们提供的结论却很简单：我们吃的东西会直接影响我们的心理健康。那么，我们应该吃什么呢？最简单的答案就是多样化饮食。不同种类的食物会维持不同种类的消化道细菌，并为其提供营养，有益的消化道细菌越多，你就会越健康。你也可能会利用益生菌，尽管它们的作用有限。你要做的就是避免过多摄入快餐、加工食品、快碳水化合物和白砂糖，增加水果、蔬菜和全谷物等慢碳水化合物。血清素水平低下会导致一个相当可怕的后果，那就是，正如我所提到的，我们会摄取更多的快碳水化合物。它们还可能导致我们摄入更多的甜味剂阿斯巴甜，这不是什么好消息，因为这种甜味剂已被证明不仅会导致血清素水平降低，还会导致多巴胺和去甲肾上腺素水平降低。毫无疑问，这是一种恶性循环。

我给你的建议是，每当你有想吃快碳水化合物的冲动时，要小心。学会识别这种冲动，并及时加以阻止，以免它像遥控大脑的病毒一样让你变成僵尸，摇摇晃晃地去商店买零食、糖果和汽水。当你学会了识别这些迹象之后，我再向你推荐一些可以用来抑制这种欲望的替代品：胡萝卜、坚果、甜豌豆，以及含80%可可固形物的巧克力。这些都是我在意志力脆弱时的首选食物。

工具5：运用正念

这个概念你已经听过无数遍了。正念是一种神奇的修行练习，是一项你绝对有必要掌握的技能，也是一种能带给你终极满足感的方法。据我所知，正念练习彻底改变了很多人的生活。有一个与正念相反的概念，它通常被称为"情境切换"，当你处于这种状态下时可以同时做好几件事。但这也意味着，无论是身体上还是精神上，你的大部分精力都被分散，花在了不那么重要的事上。那么，"情境切换"就一点好处都没有吗？当然不是，它能让你完成大量工作，这毕竟是衡量成功的世俗标准之一。但问题是，"情境切换"似乎会对我们的专注力产生负面影响。那么专注力有那么重要吗？我个人认为，"专注当下"的能力比"情境切换"的能力更重要，因为只有当我们专注当下的时候，我们才能通过感官去感受周围的世界。

有一个日常生活中的例子，可以让你识别自己是否为擅长"情境切换"的人，那就是烹饪。如果一个人的大脑已经被训练得能够进行大量的"情境切换"，那么他就会发现按部就班地烹饪食物变成了一件非常具有挑战性的事情。"情境切换"者在烹饪过程中，可能同时还在洗碗、看电视节目、整理调料架、准备第二天的午餐……那么，他对烹饪的实际体验便在此过程中消失了。这让我想到刻板印象中的意大利人，他们对烹饪的实际过程极富热爱与激情——这样的人就不太可能经常陷入"情境切换"中，他们也因此很好地落实了正念的理念。

另一个可以用来区分习惯正念者与情境切换者的方法是，看他们如何对待新朋友。一个全身心投入的人会向新朋友提问，深入了解他们，与他们产生共鸣，并对他们表现出真正的兴趣。反之则不会。我相信你肯定遇到过全神贯注的那种人，也遇到过目光、思想、身体和行动似乎一直在四处游荡的人，两者之间的差别一目了然。

接下来我们来看第三个例子。你的情绪主要由两方面因素产生：一是你的思想，二是你的感官输入，即你通过听觉、感觉、视觉、嗅觉和味觉体验到的事物。所有这些都会刺激血清素、内源性大麻素、多巴胺和其他化学物质的释放。通过有意识地体验你的各种感觉，你可以充分感受情绪带来的化学反应。

和其他任何事情一样，专注力可以通过练习来培养，我们都可以更好地"活在当下"。最重要的是，你现在就可以开始练习。跟着我这样做：放慢阅读速度，享受你所获得的知识，享受环境的温暖和舒适，享受你杯中的咖啡。恭喜你！你刚刚已经完成了一次专注力练习，你的大脑能更好地体验更多、更强烈的情感了。如果你想长期练习专注力，还有一个不错的方法：每天专注于一种特定的感觉。例如,你可以在周一专注于气味,有意识地去闻香蕉的味道、墙纸中胶水的味道、自己皮肤的气味、走过的每一个人身上的气味等。

如果你已经能够充分感知到自己的五种基本感觉,那么,我为你准备了一些进阶挑战:试着去感受压力、温度、肌肉紧张程度、疼痛感、平衡性、口渴、饥饿,甚至是时间的流逝。

读到这里,一些人可能会反对"正念",因为你们不想降低自己做事的效率。人真的有可能训练大脑一次只做一件事吗?实际上,正念与情境切换并非水火不容,但你不能指望你的大脑一周都在工作中全速运转,然后在周末立刻踩下刹车,毫不费力、全神贯注地投入你的思维和感官中去。除了极少数超级天才,没人能做到这一点。其实,关键在于平衡。与其全速奔跑,不如降到半速,学会在工作中也保持专注力。专注地投入工作是很重要的,你应该在工作中去体验所有和人的接触,体会成功的喜悦与情绪的变化。既然你花在工作上的时间那么多,那你就一定要尽可能地享受它。

到现在为止,我已总结出了对我来说最可靠的诀窍。那就是:每当夏天来临,都去阿比斯科度假。毫无疑问,阿比斯科是瑞典最美的地方之一,我总觉得在那里很容易完全放松下来。摆脱智能手机,我只要在那里待上一个星期,大脑运转速度就会完全减缓，度过接下来的夏天也就不是什么挑战了。如果不去那里，我的大脑运转速度可能要花上四五个星期才能慢下来，而等到那时候，我又需要它重新开始工作了！如果我想利用一个周末达到同样的效果，我会选择在周五午餐时间开始放松自己，并在工作日结束时安排半小时的冥想。在此基础上，周末尽量不看手机。这样就能给我的大脑充分的暗示，示意它从"情境切换"模式过渡到"专注当下"模式。

工具 6：驾驭你的心灵

我知道我已经提到过这一点，但我还是要再重复一遍，因为你一定要知道：事件的记忆可以引发与事件发生当时相同的情绪。换句话说，在你回忆往昔时，你的身体会释放出与当初经历时相似或相同的物质。我之所以强调这一点，是因为我发现，我遇到的大多数人都不会遵从自己内心的想法，他们只是任由周围发生的事情影响自己。在我们的社会中真实发生的这些事，大部分只会对我们产生负面的影响。比如，在新闻界，正面新闻永远不如负面新闻传得快；在喝咖啡时，人们往往倾向于讨论负面话题而非正面话题，因为负面话题会带来更大的影响，也会吸引更多人的注意力。然而，在社交媒体上，一切看起来都欢乐祥和、如梦似幻。我们的大脑无法将这种幻象与现实对应起来，便转而要求我们不断将不尽如人意的现实与社交媒体上美好的幻象进行对比。这种对比带给我们的是过度的内耗，这可不是什么好事。如果想实现成功的自我领导，就必须学会意识到自己的想法并控制它们。学会了这一点，就等于掌握了支配感受的自主权，而我相信每个人都想活在自信、平衡的状态中。

工具 7：运动、饮食、睡眠和冥想

运动、饮食、睡眠和冥想都是提高血清素水平的好方法。由于这四个因素本身就可以产生"天使鸡尾酒"，我会在本书的后面部分更详细地论述它们。把它们当作你的"天使鸡尾酒"的"超级配料"吧。

工具 8：缓解压力

这个工具，与其说是关于如何产生血清素，不如说是关于如何通过避免长期压力来间接改善血清素平衡。虽然这个工具的影响可能较为间接，它却是作用最强大的一个。让我们先来看看导致人类血清素失衡的十大最常见因素：

- 慢性身体疼痛
- 强烈的情感创伤（从遭受欺凌到失去亲人，都可能会招致这种痛苦）
- 疾病
- 炎症
- 消极的思维模式
- 营养不良，包括色氨酸缺乏
- 肠道菌群失调
- 缺乏锻炼
- 缺乏阳光照射

值得注意的是，压力是上述一半以上因素作乱的元凶。身体上的疼痛、情感上的创伤、疾病、炎症，以及消极的思维模式，都会带来压力或紧张。在我多年的从教生涯中，我遇到过很多客户，他们在失去亲人后的第一时间里并没有表现出多么悲伤，而是要过两到三个月才会陷入极度悲痛中。长期与慢性压力做斗争所带来的影响也是类似的，最终可能导致彻底抑郁。血清素水平低与抑郁症之间看似没有任何联系，然而，令人费解的是，许多抑郁症患者确实受惠于调节血清素系统的抗抑郁药物。压力可能会带来动力，但长期的压力毫无疑问是有害的。这就像我们每个人体内都潜伏着一股黑暗力量，它对我们的心理健康所构成的威胁比其他任何东西都更大。不过，在我们继续研究压力和皮质醇之前，我想先总结一下血清素这一章的内容。

本章小结

研究了这么多年自我领导力，我逐渐意识到，满足与和谐是"天使鸡尾酒"最重要的基础，因为其他所有积极的情绪状态，包括愉悦、爱、欢欣鼓舞、奖励、激动、兴奋，它们往往都是暂时的，来得快去得也快，唯有满足与和谐能够持久。诚然，你应当充分享受这些短暂的激情，但只有激情的生活最终只会让你感觉在坐过山车，大起大落。反之，如果你能把血清素作为你的"天使鸡尾酒"的基酒，那么即使晚上游乐场打烊，它也能稳稳地停住，让你安心回家。简单来说，在调制你的"天使鸡尾酒"时，你应做的是避免长期压力，坚持锻炼、经常冥想、多晒太阳、健康饮食、建立自尊、常怀知足常乐之心，而不是不断切换情境，寻求短暂的刺激与欢愉。

第四章

皮质醇
——压力面前,保持专注、兴奋还是恐慌?

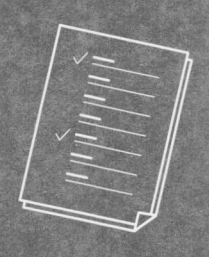

如果你面前突然出现一只剑齿虎或一辆鸣笛的汽车，你会有什么反应？这是个有趣的问题，但在讨论它之前，让我们先看看压力的益处及与其相关的三种主要分泌物质（皮质醇、肾上腺素和去甲肾上腺素）。

皮质醇。它也许是人体内最重要的激素了。在有压力或紧张的情况下，肾上腺会向血液中释放皮质醇，进而释放大量的葡萄糖。这些葡萄糖，或者说糖，能为你提供应对压力所需的能量。同时，皮质醇本身也发挥着至关重要的作用，因为它为免疫系统提供糖，并作为一种短期抗炎剂使免疫系统在炎症期间处于平衡状态。

肾上腺素。它会加快你的心率，引导血液流向肌肉（这就是为什么你会感觉自己在发抖）。它还会放松你的呼吸道，让你的肌肉获得更多氧气，这样你就能用力更猛或跑得更快了。

去甲肾上腺素。它的作用是增强你的认知能力，提高注意力。

这些物质共同作用，通过启动你身体反应的三种模式中的一种：逃跑、战斗或者僵住，帮助你脱离险境。一旦你意识到剑齿虎真的看到了你，你的第一反应不会是站着不动，而是以前所未有的速度逃跑。几十万年来，正是这种机制使人类生存下来。

你还记得 2.5 万年前摘苹果的邓肯吗？他饿了，需要寻找食物，但促使他去寻找食物的并不仅仅是多巴胺，其实是皮质醇和多巴胺共同作用的结果。皮质醇的作用是让你采取行动，从一个地方移动到另一个地方。皮质醇会引发一种不安的感觉，一种你不想停留的紧张状态。因此，当邓肯醒来并意识到自己饿了时，首先是皮质醇让他觉得自己必须起床行动。皮质醇起效之后，多巴胺让邓肯开始想象苹果有多美味。多巴胺就像一股神奇的力量，拖着你向目标前进——它给你带来的感觉比皮质醇给你带来的感觉要愉快得多。这两种力量结合在一起，把邓肯从舒适的草床上拉了起来，带领他穿山越岭来到苹果树下，并最终找到他要找的东西。简而言之，皮质醇和多巴胺就是我们生活中的两种驱动力，旨在让我们避免痛苦，寻求快乐。皮质醇让我们寻求避免痛苦之法，最常见的表达方式是"我必须得做些什么"；而多巴胺则推动我们寻求快乐，类似于"我想要去干点什么"。这两种驱动力都能让你从 A 点到达 B 点，但两种体验却截然不同。想想"我想去散步"和"我必须去散步"这两种说法之间的区别，又或者想想"我想去上班"和"我必须去上班",你就明白感觉完全不同,对不对?一个有用的心理学工具可以让你把"必须做的事"变为"想要做的事",这会让大多数事情变得简单许多。

面对压力,有一种有趣的应对方法:把它看作是"你所拥有的"和"你希望拥有的"之间的差距所产生的。如果你觉得自己体重超标,每天为此唉声叹气,那么这就会给你带来压力。这最终可能会激励你去健身房锻炼,但这种锻炼的效果会大打折扣。然而,如果你能成功地将这种渴望或不满转化为动力源泉和情感目标,那么现实与理想间的差距也可以成为多巴胺的来源。

可以看出,多巴胺和皮质醇之间的关系是人类生存处境中既精彩又奇妙的关系。但是,正如这世界上的大多数事情一样,它也是一把双刃剑。你看,这个令人难以置信的机制并没有完全预测到人类会如此迅速地创造出一个社会,这个社会充满了新奇且毫无必要的压力源。在这个社会,你会看到以下这些现象:

- 新闻报道热衷于唱衰
- 到处都是会导致血糖飙升的精制糖
- 社交媒体控制着我们的思想
- 社交媒体煽动我们将自身与光怪陆离的社会结构进行比较
- 商业体系靠着一个又一个"最后期限"来运转

- 倡导"重成绩、轻快乐"的文化
- 强调"目标比过程更重要"
- 如果你生活在城市,嘈杂的噪声往往会与你为伴
- 如果你住在市中心或靠近主干道的社区,污染会对你造成间接压力
- 大多数人难以在生活中找到平衡
- 数字(虚拟)世界剥夺了我们孩子的多巴胺
- 数字(虚拟)世界剥夺了我们的多巴胺
- 急功近利的教育方法,培养出的孩子往往是寻求刺激而不是主动慷慨助人
- 智能手机无时无刻不在开展信息轰炸
- 渴望"可持续发展"
- 人们往往孤独和面临社会隔离
- 找不到恰当的理由说服自己四处走动走动
- 不完善的养老金计划,让我们畏惧衰老
- "流量至上"的文化滋生出过度的负面言论

如果仅仅是阅读这份清单就让你觉得倍感压力的话,我只能在这里向你道个歉了。然而,如果再看一遍,你就会意识到,在2.5万年前,清单上的大多数事情根本就不是让人感到压力的正当

理由。诚然，人们会因为害怕生病或受到伤害而感受到压力，但总的来说，与现代社会给出的上述这份清单相比，他们的潜在压力清单可要少许多。有一句话是这样说的："如果我们的生活真的如此美好，那为什么我们又会感觉如此糟糕？"显然，答案分为两个部分：一方面，皮质醇一直在争夺我们的注意力；另一方面，多巴胺也一直试图用诸多诱惑来引诱我们。

现在，我想澄清一件事：适当的压力不仅能够让我们感到愉快，还会带来诸多好处。压力能让我们充满斗志，活力四射，感受到血液在血管里的流动。在日常生活中，葆有一些期待和为之兴奋的东西，无疑是件美妙的事。有时，我们从应激激素——去甲肾上腺素中获得的专注力，会让我们觉得自己所向披靡。例如，在健身房进行高难度锻炼之前，肾上腺素会让我们觉得自己既强壮又充满活力。假如你去询问一位经验丰富的跳伞运动员如何应对压力，他会告诉你，他会主动寻求压力。他之所以不断挑战自己，使用更小的降落伞、尝试更危险的路线，正是因为他沉迷于压力带来的肾上腺素激增。少量的压力是生命的灵丹妙药，也是能量的巨大来源。

就我个人而言，我很喜欢冲冷水浴。在生活中，很少有体验能像冲冷水浴一样给我们带来强烈的压力。断食也是一样，它同样会给身体和大脑带来压力。说实话，我并不希望过一种没有任何压力的生活。但是我也不愿意过一种处于长期压力之下的生活，无论这种压力是强烈而持久的，还是微小且绵绵不断的。不幸的是，我们大多数人都不愿承认，甚至没有意识到，自己长期承受的压力实际上已经超出了合理的承受范围。这种不健康的生活方式会给我们的身心健康带来一系列不利影响，例如：

- 慢性疼痛
- 消化问题
- 心血管疾病
- 记忆力减退
- 丧失对生活的希望
- 超重
- 失眠
- 常常无精打采
- 反复感冒
- 免疫力下降

等一下，我刚才不是说皮质醇能增强免疫系统功能吗？嗯，它确实有这个作用，但仅限于短期内。如果压力持续存在，就会产生相反的效果，转而对身体有害。建议你仔细阅读这一部分，因为我接下来要分享的关于皮质醇如何影响血清素的内容，可能会让你获得全新的认知。

当我们受伤或割伤时伤口会引发炎症，继而受伤部位会出现红肿。我想我们应该都知道这种现象。免疫系统被触发后，它会迅速聚集、产生白细胞，同时也产生促炎细胞因子（一种体内细胞用来交流的信号分子）。这些细胞因子的一个作用是，它们会导致免疫系统中的其他细胞开始将色氨酸（对，就是形成血清素的那种物质）转化为犬尿酸原，犬尿酸原又会进一步转化为喹啉酸和犬尿酸等物质，而这两种物质都具有潜在的神经毒性（对大脑有毒）。从长远来看，它们可能导致情绪低落，但这还不太要紧，更要紧的是：不只是身体受伤会引发炎症，心理压力以及身体压力也会引发炎症。心理压力在体内引起的轻微慢性炎症（其确切机制仍有待科学证实），会导致血清素水平下降。

如果你一直跟着我的思路在走，那么你应该已经意识到了，压力对血清素和心理健康均有负面影响。炎症不仅会夺走色氨酸（它是产生血清素的重要物质），甚至还会使其产生神经毒素。那么，为什么身体会选择用色氨酸来促进炎症过程，而不是用色氨酸来产生血清素呢？答案很简单：你的生存远比你的情绪稳定性重要。换句话说，我之所以不愿意生活在慢性压力下，是因为我希望我的血清素平衡保持不变！

究竟什么是慢性压力？它可以被看作是一种状态，在这种状态下，压力会让你不断紧张，而且正常的休息并不能有效地帮助你放松。在不同的研究中，对压力持续多久才能被称为"慢性压力"的判断标准似乎差别很大，但我估计合理标准应是压力持续 1~4 个月。这就意味着，如果你在连续 4 个月内一直感觉自己好像在被一只剑齿虎无情地追赶，那么你就处于慢性压力中了，你必须对此采取一些措施了。

有人可能会反对说，他们多年来一直承受着压力，却没有受到任何不良影响，并认为继续这样下去没什么问题。但实际上，他们的长期压力很可能会在未来的某个时刻积聚，于毫无征兆的情况下给他们的健康带来重重一击。

两年前，我开始感到长期压力的存在。在一月时，一切似乎都很顺利，我在世界各地旅行，举办了大约 25 场讲座，还参加了许多采访、录音等活动。一周之内，我在两个洲的六个国家做了演讲。这种节奏并没有给我带来太大的压力，因为我做的是我非常熟悉的工作，我感觉游刃有余。而就在一个多月后，新冠疫情带来的恐慌使一切都停滞了。对我来说，这场疫情意味着我当年剩余时间的所有行程都在一周内化为乌有，我和我的十人团队的收入来源都被切断了。但我仍然坚信自己能够处理好这件事，因为我很善于转型创新。一周后，我们完成了公司的业务重组：全力投入社交媒体，推出在线培训课程，并建立了一个数字录音棚。我们以前从未做过这些事情，也没有任何专家可以咨询，因为当时还没什么人使用视频会议和数字讲座。因此，我们只得读读书，鼓捣鼓捣，通过反复试验来解决出现的一切问题。最终，我们花了10万~20万欧元，用了6个月的时间才完成这一转型，但我坚信这一切都是值得的。我没有像当时的许多人一样放慢脚步，而是像我一贯坚持的那样，选择破釜沉舟、全力以赴。我的计划是，当疫情结束时，我们应该比疫情开始时更强大。

我们做得很好。如果我们能在夏天努努力，到秋天就可以推出大量新产品和服务，这肯定能挽救整个团队。然而，这一切都在短短两天内剧变，因为有两场我完全没有预料到的灾难发生了。

第一场灾难发生在2020年6月初。有一天，我的儿子跑进我的办公室，冲我大喊："妈妈摔倒了！"我放下手中的一切，跑出去。玛丽亚躺在屋外的楼梯上，几乎说不出话来。她喃喃自语，我几乎听不清："我脑卒中了"。恐慌、眼泪、救护车、混乱……医护人员没告诉我任何信息，而且因为疫情，我也不能和妻子一起进医院。之后，我突然发现我有一个来自陌生号码的未接来电，这意味着医院可能已经试图联系我，但我无法说服自己这是个好消息。我愣在原地，呆呆地看着手机。过了很久，他们再次拨通了我的电话，用人类历史上最缓慢的声音向我解释：玛丽亚的脑卒中可能是由新冠引起的,她没什么大事,只是需要很长一段时间来恢复。

两天后,另一场无妄之灾迎头撞上了我。我的一位好朋友,暂且叫他小柯,原本一直在帮我打理公司财务,然而我们的财务系统实际上出现了很大的漏洞,他却一直都瞒着我。直到有一天,他告诉我,我们向国家递交的企业疫情援助金申请被驳回了。我打电话给瑞典经济和地区发展署,询问此事是否属实,而工作人员告诉我,他们从未收到过我们的申请。直到那时我才感到事情有些不对劲,于是开始着手调查。这绝对是一场灾难。我就不一一细说了。我只能说,在接下来的三天里,我们的企业从一个表面上看起来蒸蒸日上、功能齐全的企业,变成了一具失去营业税务登记证、银行账户几乎亏空的空壳。我受到的冲击简直难以言说。

面对这种情况,我只有两个选择:要么任凭这些年努力奋斗的心血付诸东流,要么比以前更努力地工作挽回损失。我们没有钱,应急资金也没了,公司陷入极度悲惨的境地。我的妻子脑卒中了,但我却不得加紧工作,继续编写、录制、搭建框架,来实现我们业务的数字化转型。

玛丽亚脑卒中后的第二天,瑞典的一家成功的培训机构如约来到我在瑞典韦斯特罗斯郊外的住所,按照计划,他们一整天都要在这里拍摄我的全新数字课程。我还有别的选择吗？我能打电话告诉他们我要取消拍摄吗？不行，我唯一的选择就是继续前进。尽管我对自我领导力和压力机制了如指掌，但我同时面临着太多的挑战，无法平衡，最终陷入困境。我一直坚持冥想，坚持锻炼，保持良好的睡眠，也许这些习惯能够拯救我，但长期压力带来的后果依旧在不久之后显现。在玛丽亚脑卒中两个月后，8月的一天，我的手臂开始出现腕管综合征，神经痛从肩膀一直传到手指。我还患上了虹膜炎——这是一种眼部炎症，表明我的免疫系统正在攻击我的身体。恰在我面临生意和家庭双重挑战的时刻，我的身体又出现了问题，几乎将我击倒。我知道，是我把自己逼得太紧了，这样做会让我折寿好几年。

2022年2月，玛丽亚几乎完全康复了，这几乎完全归功于她出色的自我领导力。她真的很了不起，是我的榜样。同时，我自己的身体也回到了健康轨道。暑假期间，我的员工和四位朋友帮我把生意理顺。最终，我们在11月重新获得了税务登记证，还推出了我的全新数字培训平台，里面有我所有的课程、500个视频和足以写三本书的文章。到2023年2月，该网站在全球已有1000多名用户。那一年，我们在社交媒体上大放异彩，我和我的团队在优兔上的关注者从5000人增加到20万人，在照片墙上的关注者从5000人增加到14.5万人，在TikTok（海外抖音）上的关注者从零增加到 200 万人,我们的账户的粉丝量在瑞典排第七。我们建立了世界一流的数字工作室,2 月,我还为谷歌美国公司举办了一场大型讲座。这让我在美国的事业也取得了重大突破——要知道,在美国取得成功可是大部分瑞典演讲者的梦想。

也许你从上文可以发现,2020 年和 2021 年是我人生中最糟糕的两年,但同时,也是最好的两年。这段经历虽充满挑战,但我从中学到了很多东西。我也坚信,如果没有自我领导力,我可能早就崩溃了。

在自我领导力这方面,有这么一个比喻,对我来说犹如指路明灯提纲挈领:想象自己是一个园丁,你为自己建造了一个美丽的花园,里面开满了鲜花。玫瑰象征血清素,郁金香象征多巴胺。你还种植了代表性激素的睾酮、雌激素和孕酮的花朵,而催产素如同一株挺拔瘦长的向日葵。你为自己美丽、茂盛的花园感到自豪。突然有一天,当你在玫瑰丛中劳作时,你感觉到一滴水落在了手臂上。你笑了,心想:"终于下雨了!"你走进屋里,端着一杯茶站在窗边,看着雨水倾泻在你的花园里。

你知道,这正是花儿健康生长所需要的,就像你需要时不时地承受少量压力才能成为健全人一样。然而,你很快开始担忧了,因为这场雨绵绵不绝,一连下了好几个星期,始终没有要停的意思。你望着自己的花园,它已褪去了往日的美丽。一切看起来都枯萎了。泥泞、死寂、一片灰暗。这场雨便是对长期压力的隐喻。我们知道，长期压力会直接或间接地影响人体内的六种物质。我们在长期压力下挣扎多年，再也回不到曾经的巅峰状态，这丝毫不足为奇。

现在，你可以猜猜看，人们在遇到这样的事情后，为重振精神想出的常见办法是什么吗？购物、旅游、品尝美食、看电影，还是翻修自己的房子？这些事确实可以短暂缓解痛苦，然而，在你做完其中一件事后，压力和消极情绪又会立刻卷土重来，你会感觉和以前一样痛苦。就好比在那慌乱的雨灾之中，你这个园丁马上冒雨跑出去，试图种植新的玫瑰、郁金香和木槿。你的花园确实短暂地恢复了生机，但终究再次屈服于无休止的雨水。

从长远来看，唯一有效的办法就是减少雨量，也就是减少影响你的负面慢性压力。这么做也许效果更明显。当太阳再次出现，当花坛干涸，当雨水只在晴天之间短暂出现时，你的花园会自行恢复原貌。你只需站在窗前，看着你的花儿重新焕发生机，艳丽和茂盛重新回到花园里，而根本不需要你付出任何努力。生活也是如此。

我经常遇到一些在情绪问题上挣扎的人。他们可能会说自己缺乏基本的幸福感，或者已感觉到了抑郁的边缘。每当遇到这样的人，我通常会先给出这样的建议：列出你的负面压力清单，再制订计划一项一项剔除它们，直到感觉自己可以控制事态发展，或者感觉它们已完全消失。有些人为了达到这个目的，甚至需要做出一些激进的割舍，比如搬离所居住的城市，而有些人则会选择从一些小的压力源入手，比如解决一个积怨已久的矛盾。

你有没有想过一种可能：负面压力其实并不存在于外部，而是存在于你的心中，它只是你主观上对某种情况的理解而已。除了我提到的炎症、嘈杂的城市环境和毒素导致的压力之外，真正让你产生负面压力的，是你自己对这种困境的感知与看法。好消息是，认识到这一点之后，你最终将摆脱生活中几乎所有的负面压力。坏消息是，要做到这一点并不容易。这值得你付出努力吗？绝对值得！

多伦多大学的玛莲娜·科拉桑托和剑桥大学的埃马卢埃勒·费利斯·奥西莫开展的研究表明，炎症会导致抑郁症，许多患有临床抑郁症的人也患有炎症。我和我的客户都注意到了一个有趣的现象，那就是普通感冒常常会导致抑郁情绪浮出水面。这其实并不奇怪，因为感冒一般是由体内炎症引起的。然而，有必要提及的是，炎症是一种重要且必然的生理现象，它帮助人体消除不良微生物、清除死亡细胞、修复受损组织、遏制感染。长期压力导致的轻度慢性炎症才是形成"魔鬼鸡尾酒"的罪魁祸首，你应该尽量避免这种情况。

避免这种不良炎症，最好的方法就是坚持锻炼，健康饮食，减少生活中的负面压力。这样才能保护你的身体，让它不认为它必须不断地抵御某种威胁。

既然我们已经深入了解了压力的本质、压力的积极影响及其潜在的负面影响，那么现在，是时候了解一些在必要时可以用来产生压力或减轻压力的实用工具了。

工具 1：压力量表

正如我在本书引言所写，压力量表是我为帮助自己克服抑郁而创造的第一个也是最重要的一个工具。虽然是我创造了它，但启发我的人却是玛丽亚——我的妻子兼自我领导力大师。2016年的整个夏天，我都躺在床上，悲痛欲绝。我无心做任何事情，就连吃饭都觉得毫无意义。我被无法控制的黑暗吞噬，除了哭泣别无他法。我已经提到过，我们经营着一家夏季咖啡馆，有一天，我最喜欢的表演者卡伊莎-斯蒂娜·奥克斯特罗姆受邀来到咖啡馆，为我们的客人唱歌。我走出屋子去听，站得远远的，不让任何人看到我，但这仍无法给我带来喜悦，我只感到一阵空虚。8月初的某一天，玛丽亚走到我身边。她坐在床边对我说："戴维，我会料理好一切的。我们的三个孩子、做饭、打扫房间、经营咖啡馆、生意、农舍、员工……所有的一切，都不需要你担心。"当她起身离开时，我并没有什么特别的感觉，但一周左右后，我真的停止了哭泣。那一刻之后的 4 个星期里，我渐渐感到宽慰，我的动力开始恢复，这是我很久没有感觉到的。我意识到，她为我所做的一切就像阻止大雨倾盆一样。她消除了我的压力，这种帮助对我的影响如此巨大，几乎令人无法理解。正因为如此，我最终能够重返工作岗位，尽管再花一两年时间恢复可能更明智一点。此外，还记得我在书的开头提到过的那次哥德堡演讲吗？那时，有一位女士指出了我犯的一个微小的错误，我因此深受打击，去看了心理医生，医生当时非常明确地告诉我，我的魔鬼行程简直与自杀无异，必须停下来。家庭的支持和科学的指导，这两个因素结合在一起，给了我巨大的动力去克服困扰了我大半生的阴暗情绪。而我走出阴暗情绪的第一步，就是制作压力量表。这个方法相对简单，无论你主观上是否感觉到现阶段的生活有压力，我都推荐你去尝试一下。

第 1 步：在一张纸上写下你所有的压力源。

第 2 步：将每种压力源分别归入以下类别：可以消除、可以解决和不知道。

可以消除： 生活中会给你带来压力的事情，但你可以马上消除它们。

可以解决：生活中会给你带来压力的事情，但你可以运用自我领导力来自行解决，直到它们不再给你带来压力。

不知道：你目前确实不知道如何解决的事情。

"可以消除"的十个例子

1. 与那些总是输出负面情绪的朋友或亲戚断绝来往。
2. 戒烟或戒酒。
3. 关闭手机上的通知提示。
4. 卖掉一些你几乎不用但又占地方的东西。
5. 寻找新的工作或职位。
6. 删除那些让你感觉不好的手机应用程序。
7. 如果没有会后休息时间，那就干脆不安排会议——给自己一些喘息的空间！
8. 避免紧迫的最后期限。
9. 不要再去为不需要你负责的事情负责。
10. 无论你是公司董事会成员还是普通员工，都不要承担过多责任。

"可以解决"的十个例子

1. 如果你和你的伴侣在某些事情上存在分歧，那么学着去接受对方的意见。

2. 把冲突视为成长的机会。

3. 重新审视你的目标是不是定得太高了。如果是，应当把它分解为一个个小目标。

4. 不要过于在意细枝末节的事情。用全局视角，再问问自己，这真的重要吗？

5. 避免自我批评的想法。每产生一个批判性的想法，就再想出三个积极的想法来对抗它。

6. 千里之行，始于足下。先去掉一些快多巴胺的来源。

7. 缺乏信心。先从庆祝每一次小小的胜利开始。

8. 缺乏睡眠。可以参考本书第七章中的建议。

9. 陷入困境。翻到本章"工具8：消除虚假事实"这一小节，去看看我给出的建议。

10. 总有消极心态。请阅读本书193页中的"关注焦点问题"。

"不知道"的例子

我很难举例说明你应该在这里写什么，因为这些压力源往往因人而异。如果某些事情被写在了这一栏，那通常是因为以下这些原因：你自己找不到解决的办法，你没有勇气去应对这种情况，或者你缺乏应对这种情况所需的工具。实际上，**99%**的问题都是可以解决的，要么用常规办法根除它们，要么你改变自己对它们的看法，总之可以让它们不再是问题。你可能会觉得这是痴人说梦，觉得我在说风凉话，但这是真的。举个例子，我自己的"不知道"清单上有这么一项：我害怕冲突。但我意识到，只要我慢慢来，一次解决一个冲突，我就能克服这种恐惧，从而解决这个问题。我还写了另一项：我缺乏做自己的勇气。最终我是使用"关注焦点问题"来解决这个问题的。我把最开始的问题"如何才能不引人注目？"改成了"如何才能激励他人？"仅仅是这样一个微小的改动，对我的生活的改变就非常大。你可以在下面的压力量表中列举你的压力源。

压力量表

可以消除	可以解决	不知道

工具 2：短暂地冥想

有的时候，我的课程安排会非常紧张，我恨不得搭直升机飞向正在等我的出租车，然后在仅有的 5 分钟内到达目的地。而现在，如果我只有 5 分钟的准备时间，我不会把这段时间花在准备我要讲的课上，我会去冥想。5分钟后，我会睁开眼睛，戴上麦克风，轻松、自如、情绪稳定地走上讲台。冥想有很多好处，但在这里，我之所以要提到它，是因为它可以降低你的皮质醇水平，帮助你更清晰地思考，让你更适应自己的情绪。你可以翻到本书第七章关于冥想的内容，看看我给你的一些关于冥想的建议。

工具3：提高催产素水平

当你感到有压力时，催产素会被释放出来，帮助你减轻压力带来的影响。拥抱某人、做个按摩、进行感恩冥想等，都可以促进催产素的分泌。或者，你还可以用我前面提到的那个我最喜欢的工具：拿出手机，看一些能激发你同理心和爱心的东西，比如我就经常会看孩子们的照片。我说过，你的催产素水平会受到长期压力的影响而下降，进而导致抑郁症。2014年发表在《精神病学研究杂志》上的一项研究证明了这一点。研究表明，患有抑郁症的女性体内的催产素水平远低于没有抑郁症的女性。

工具4：运动抗压

运动可以提高你的抗压能力。就我个人而言，如果我不进行体育锻炼，我根本无法保持快节奏的生活。如果一周左右不运动，我就会立刻感觉到自己的抗压能力减弱了。不过，请记住，过于剧烈的运动会带来更多压力，可能超出你的承受范围。如果你已经感觉压力很大了，那么低强度的运动会更适合你。

工具 5：运用肢体语言

我一生中的大部分时间都花在教人们如何提高演讲和沟通技巧上。那些对演讲和沟通倍感压力的人，往往都有些共同点，他们在台上要么身体僵硬、只敢拿着激光笔躲在角落里，要么亢奋得像要起飞，在舞台上跑来跑去。如果你也有这些表现，其实你只需提前设计好自己在舞台上的动作，就能轻松减轻压力。比如，你要站在哪里，说到不同话题时要走到哪里；何时要指向你的PPT，引导观众视线；把你要用到的道具放在一定距离之外，你必须走过去才能拿到它们，等等。你的动作越放松，实际感受到的压力就越小。生活中也是如此：不妨经常换换环境，走动一下，这对降低你的压力水平有奇效。

工具 6：呼吸练习

呼吸是缓解暂时压力最有效的工具之一。如果你把自己的呼吸方式改成深呼吸，这种节奏会向你的大脑发出"一切正常，已脱离危险"的信号。呼吸频率因人而异，肺活量和一些其他因素都会导致不同的呼吸频率，但通常每分钟呼吸六到八次能在最短的时间内使你镇静下来。你可以马上试试：设定一个一分钟计时，然后数数你在一分钟内呼吸了多少次。一定要长吸气和长呼气，注意调整吸气和呼气的时长，不要屏住呼吸。只需一分钟，你就能感觉到自己平静下来了。如果你想体验更强烈的对比，你可以试试我在本章最后教给你的呼吸练习。

我还想教给你另一个绝妙的呼吸方法，叫作"生理叹息法"。快速吸气两次，尽可能地扩张肺部，然后缓慢呼气，把肺里的空气挤压出去。最后，发出一声像呻吟一样的叹息。重复以上步骤五到六次。与简单的深呼吸的不同之处在于，生理叹息法会使肺部扩张得更加充分，更有效地将二氧化碳排出体外。生理叹息法之所以有如此强大的效果，是因为迷走神经非常靠近喉部，而它是让人平静和放松最重要的神经。当它被激活时，副交感神经系统就会或多或少地向所有器官传递信号，告诉它们"这里一切正常"。用声带发出一些声音能更好地刺激迷走神经，其中就包括有声的叹息或呻吟。这也是一些人会一边冥想一边发出"啊——呜——
——嗯——"等声音的原因。

前额叶皮质是控制人类意志和情感认知的部分，呼吸法能够让你将大脑的控制权交还给前额叶皮质。当你遭受无法控制的压力或焦虑时，你很难依靠心理方法来交还大脑的控制权，因此最好先用放松的呼吸法来动员细胞，然后再使用心理工具来调整思维模式或改变行为。例如，在压力过大的情况下，你可以先采用生理方法，平静地呼吸两分钟，再采用心理方法，比如用第三人称对自己说话等。

工具 7：改变你的心态

你知道吗？紧张和兴奋两种情绪带来的生理反应几乎是一样的。听起来很荒谬吧？但这是真的，已经有大量的研究证实了这一点。这意味着你可以重新定义自己面对压力的态度，将其视作一种积极的体验而非消极的体验。举个真实的例子，让我们看看艾莉森·伍德·布鲁克斯发表在《实验心理学杂志》上的一项研究实验。在这项实验中，参与者需要演唱《不要停止相信》（Don't Stop Believin'）这首歌。研究人员让其中一组在唱歌前告诉自己"我很焦虑"，让另一组告诉自己"我很兴奋"。结果证明，两组参与者的体验天差地别。"兴奋组"感觉更放松、更开心，演唱效果也更好。把实验中的活动内容换成重要考试或者演讲，也会得到类似的结果。如果人们能以兴奋的状态参加这些活动，那么他们的表现会比紧张状态下参加好上很多！

工具 8：消除虚假事实

你还记得自己第一次上驾驶课时觉得学开车有多难吗？油门、离合器、指示器、后视镜、变速箱……所有这些你都得照顾到。不过，6 个月后，开车对你来说已经驾轻就熟。也许你还没考驾照，但我相信你一定有学习其他必备技能的类似经历。一开始你需要全神贯注去做，但学会后，它们就成了你的习惯，你甚至不需要有意识地去思考就能做到。人类能够自动学习并形成肌肉记忆，这种能力令人惊叹，但不幸的是，类似的身体机能也可以改变我们的情绪，这对我们来说并不总是好事。我们刚出生时，还不知道该何时并如何去感受，也不知道该感受些什么，父母也不一定能成功地教会我们感受什么以及何时感受，我们往往需要通过对各种情况的亲身体验，来弥补教育的缺失。

在 35 岁之前，我一直抱有两种错误的认知："我很丑"和"女孩很可怕"。如此怪异的认知究竟是从哪里来的？后来我想起，它起源于五年级时的一次学校聚会。小小的迪斯科球从天花板垂下来，音响里播放着罗克塞特的单曲《那一定是爱》(It Must Have Been Love)，女孩们都在角落里傻笑，男孩们则挤在另一个角落里。这天晚上，我将邀请我深爱的女孩玛丽亚与我共舞。犹豫再三，我终于在续了数次爆米花之后，迈着像刚出生的麋鹿一样蹒跚的步伐穿过舞池。时间凝固在了那一刻，我清清嗓子，她转过身来，我问她："你想跳舞吗？"她回答："不想。"那一刻，我的世界崩塌了，我的生活结束了，似乎一切都变得毫无意义。直到6周后，我爱上了卡罗琳。然而，在下一次学校聚会上，同样的情况又出现了。当我先后爱上五个女孩，又遭到五次拒绝时，我的大脑已经产生了两个虚假的事实，以保护我在余生中免受心理折磨。第一个虚假的事实是：女孩是痛苦的来源，最好避而远之。第二个是：我很丑。这两个虚假的事实一直控制着我，直到我35岁时，我才第一次知道，我们的大脑会产生这样虚假的事实来控制我们的情绪，保护我们免受痛苦。毫无疑问，这两条虚假事实已经过时了。为了成为全新的自己，我付出了一些努力，包括列出我脑海中所有阻碍我前进的"事实"，并一一清除它们。下面，我将向你介绍我发现的清除虚假事实的三个最佳技巧。

重新评估你的参照物

这是我在摆脱"你很丑"这一认知时用到的技巧。要做到这一点，你需要两张纸。在其中一张纸上写下导致你产生过时认知的事件和经历。就我来说，我写下了四五段记忆以及参照点，这些记忆和参照点导致"我很丑"这个错误认知的产生。在第二张纸上，你需要写下相反的证据。就我而言，我写下了所有女孩或男孩对我的外表发表过的积极评论，或者被我的内在或外表所吸引的情况。结果发现，一直以来我都忽略了这一长串的证据。当我把它们摆在一起，我就知道真相是什么了，以前消极的自我认知很快就崩塌了。

采用不同的标准

我曾经一直认为自己不是一个好领导。然而，问题并不在于我的领导能力有什么问题，而是我对"什么才是好领导"抱有错误的认知。曾经，我认为一个好的领导应该是"一个有爱心的领导"，如果没有爱心，你就不可能成为一个好领导。然而，当我拓宽眼界，重新思考"什么是好领导"后，我才意识到，拥有强大动力和强烈愿景的人也可以成为好领导。有了这一新的认识，我就能够消除此前对"我不是好领导"的错误认知。在这种情况下，我的问题源于采用了错误的标准。当我意识到这一点时，我已经44岁了。我知道这听起来可能很奇怪，但虚假事实总会蒙蔽我们的双眼，一旦它们不经意间成为我们意识的一部分，我们甚至不会注意到它们在控制我们。同样的道理也适用于那些觉得自己不够女性化的女性，或者那些觉得自己不够阳刚的男性——这一切都应归咎于被他们内化为"真理"的女性气质或阳刚气质标准。要摆脱束缚你的错误认知，你可以先质疑你所建立的认知究竟来自何处，再去寻找其他适用的标准。

下定决心

要推翻并战胜错误的认知，你要做的就是坚定地相信它对你无影响。真的，就这么简单。我在克服"我的方向感不强"这个认知时，用的就是这种方法。我的工作总要求我在社交场合讲一些有趣的段子，而"方向感不强"正是我有趣人设的一部分。问题是，我的方向感其实并没有那么差。我之所以会迷路，是因为我的大脑经常专注于分析和思考一堆抽象的东西，从而忘记留意身边的各种迹象。当我决定开始注意看路标，问题就迎刃而解了。

工具9：调和相互冲突的事实

当你认定的事实之间出现冲突时，压力也随之产生了。这种状况通常被称为认知失调。它可能出现在以下两种场合：一是一个人接触到了两条互不相容的事实；二是一个人认定了某些事实，但他们的伴侣或世界上其他人却认定完全相反的事实。

就在几年前，我第一次经历了自我认知冲突的情况。我的其中一个认知是我 18 岁时形成的，当时我为自己列出了一份相当肤浅的人生目标清单：25 岁成为保时捷车主，30 岁成为百万富翁，过几年争取住在地中海边，42 岁退休。

但随着年龄的增长，尤其是在 35 岁之后，一个新的认知却逐渐在我心中扎根：我想为全世界的儿童提供免费的沟通培训。42 岁那年，这两个认知之间的冲突达到了顶点。其中一个告诉我该退休了，而另一个则指示我继续工作下去，为全世界的儿童提供沟通培训。我自认没有办法在两个认知之间找到平衡，这种挣扎令我精疲力竭，之前我从未有过类似的经历。最终，我爆发了，人生第一次在家里的健身房里大发脾气。我生自己的气，大喊大叫，扔东西，扯头发，最后瘫倒在瑜伽垫上，我终于想明白，必须放弃其中一个认知，那就是我从 18 岁起一直以来的梦想——在 42 岁退休。我的新目标是为世界所有的儿童提供免费的沟通培训，这对现在的我来说似乎要重要得多。下定决心后，我如释重负，连续几个月都心旷神怡，仿佛沉浸在三重天使鸡尾酒之中。

如果你觉得孩子的房间不够整洁，而你的伴侣却觉得这并不太重要，那么你们的想法之间就存在矛盾。虽然你们之间没有对错，但想法上的差异肯定会使你们的关系变得紧张起来。如果你们想尽可能减少长期关系中的压力，可以采用的方法大致分为三种：（1）你们中的一方必须改变自己的想法。（2）你们必须接受彼此想法之间存在的差异。（3）你们接受彼此想法之间存在的差异，并且着重想一想对方有而自己没有的优点，想一想你们之间的平衡与和谐是多么珍贵。

假如你是个十分注重环保的人，你的想法可能会与那些和你持有相反观点或并不打算和你一样付诸实践的人产生冲突。还有一种情况，你是个环保主义者，但你在明知坐飞机对地球资源可持续发展不友好的情况下，依然不得不乘坐飞机去到某个地方，并因此产生认知失调。相互冲突的认知可以提供很大的动力，也可能带来很大的困扰。产生哪种结果取决于你的认知有多么强烈，以及你为了捍卫它能够付出多大的努力。

工具 10：多巴胺与皮质醇

隆德大学玛蒂娜·斯文森与她的团队开展了一项研究，把实验鼠和转轮放在一起，其中一只可以在想要奔跑的时候自由使用转轮，另一只则被迫在前一只跑时跟着一起跑。结果证明，第二只实验鼠的压力明显高于能够自由奔跑的第一只。那么，是什么导致了这种差异？

多巴胺会让人感到愉快，积极向上，这种体验会降低我们的压力水平。因此，结论是，在你要做的事情和执行的任务中找到真正的动力至关重要。如果你做不到这一点，皮质醇和压力便会取代多巴胺，成为你的主要驱动力，这是十分危险的。

有趣的是，每当这种转变发生在人类身上时，其影响十分明显。人们初入职场时，往往感觉动力十足，多巴胺在他们的体内尽情奔涌。然而，几年后，他们便开始感到压力大过动力。这也许是因为他们为自己设定了过于远大的目标，也许是因为经历了管理层或同事的更迭，又或者是因为他们接到的新任务让他们感觉动力不足。最终，他们不得不强迫自己完成任务。皮质醇水平长期过高的后果之一就是出现人们常说的"啤酒肚"，即腹部肥胖。皮质醇长期释放出的血糖超过了维持肌肉运动所需的正常量，剩余糖分堆积便导致了这种腹部肥胖。

工具11：打破思维定式

如果有人批评你，你可能发现自己会一遍又一遍地在脑海里重复他们所说的话。重复的次数越多，你的大脑就会越坚信，这是一个需要记住的重要细节，它与你的生存息息相关，久而久之便成为一种不可撼动的认知。反过来，你的大脑又会不断地向你重复灌输这一认知，无休止地循环往复，以至于你再也不会察觉到它的存在。也许有这么一次，有人告诉你，你的鼻子很大，之后你便开始不断对自己重复这句话。结果，你的大脑认为这是很重要的信息，并开始越来越频繁地向你暗示。这种方式很简单：你越频繁地向大脑灌输一条信息，你就越有可能下意识地把它当作真理。

这时，打破思维定式就是一个十分有用的技巧。你需要阻止你的大脑完整走完一个思维循环。如果你察觉到自己即将开始产生"我的鼻子很丑，它太大了，看起来很笨拙"的想法，那么在"我有……"开始出现时，你就得着手阻止自己继续想下去。这会给你的大脑传递一种信号：这个想法已经不再重要了，你甚至懒得去完成它。由此，以后重复的次数就会减少。当你遭到别人批评时，你可以用这种方法在最初的几分钟或几小时内打破循环。但是，如果这个循环已经在你心中根深蒂固，持续了好几年，那么根据我的经验，你可能需要两到三个星期持续不断地阻止才能完全切断它。我最常用来打破思维定式的技巧有以下几种：玩文字游戏、做呼吸练习、听音乐、看剧、给朋友打电话、冥想、呼吸、用冷水泼脸、随机摆动肢体、唱歌，或者专注于自身以外的细节，比如观察周围环境中特定物体的颜色和数量，等等。

但是，这种方法对防止焦虑失控并不怎么有效。如果你出现焦虑失控的情况，你最好接受自己的焦虑，并通过放松和呼吸练习来平息应激反应。如果你试图打破焦虑，反而会感觉像是在

"逃避"它，甚至会让你感觉更糟。

巴纳比·邓恩等人的一项研究对打破思维定式的技巧进行了评估。他们让参与者观看车祸后的血腥场面，其中一部分参与者被要求在看完图片和视频后立即打破思维定式，让大脑去想车祸以外的事情，而另一部分参与者则任由观看内容在心里重复。实验证明，前者受到的情绪影响更小，更难回忆起图片和视频的细节。

总结一下这一部分：如果你收到了负面的批评，倾听它，从中吸取教训，但不要让自己形成思维定式。如果你看到了不想记住的东西，则更要果断地打破这种模式。

缓解压力

较小的压力可能会给你带来好处，所以，现在让我们来试着做一些非同寻常的事情：学习如何减轻你的压力。为什么要这么做？在那个我终日卧床哭泣的夏天，我去做了血液检测，结果显示我的皮质醇水平极低。这就是我感到如此疲惫的原因，我必须提高我的皮质醇水平才行。我用上了压力量表，每天坚持冥想，最终成功做到了这一点。大约6个月后，我的皮质醇水平恢复正常，我也恢复了活力。

每当我准备演讲时，不管出于什么原因，我总会觉得自己缺乏动力。这时我便会采用"模拟恐惧"的方法：快速吸气和呼气三十秒，急促地走来走去，假装自己正在被什么东西追杀。这是一个很简单的练习，你也不妨试试！你可能会注意到，由于皮质醇的释放，你的能量水平会提高，肾上腺素使你的身体感到刺痛，去甲肾上腺素则使你的注意力更加集中。但我需要提醒你的是，如果你患有焦虑症，请不要尝试这项练习，因为快速换气会引发焦虑症发作。如果它让你感到晕头转向或有任何不适，请立即停下来。下面我将详细介绍如何进行这项练习：

- 坐下
- 想象自己正在被追捕
- 快速、急促地转动你的头和眼睛
- 绷紧全身肌肉
- 环顾房间四周以及身后，仿佛你正在寻找那个猎手
- 开始快速有力地呼吸

作为奖励，在完成这个练习后，再试着用我们之前讲过的慢速呼吸法呼吸，每分钟呼吸七次。你会体验到令人兴奋和不可思议的不同！

本章小结

　　压力也有意想不到的魅力。短时间的较小压力甚至有益身心，因此，你应该通过在生活中培养新的爱好、寻找刺激、走出舒适区、挑战困难，并在体验各种活动过程中不断学习，享受每天给自己一些微小压力的感觉。然而，长时间的较大压力会给你带来伤害。如果你的生活已经陷入窠臼，你应该尝试使用压力量表，打破思维定式，坚持冥想，进行低强度的锻炼，重新审视你的固有认知等来缓解压力。你还应尽可能多地应用"催产素"一章中的内容，因为催产素能有效缓解压力，帮你走出困境。

第五章

内啡肽
—— 让兴奋和刺激点缀生活

欢迎认识让人兴奋与刺激的一种物质：内啡肽！内啡肽（endorphins）一词的来源很有意思：它是由"内源性"（endogenous）和"吗啡"（morphine）两个词组成的。"内源性"指的是源于体内的物质，而"吗啡"则是一种鸦片制剂，以希腊神话中梦神摩耳甫斯的名字命名。因此，内啡肽就是人体自身产生的吗啡。内啡肽与医用吗啡的最大区别在于，你可以自己制造内啡肽，而且内啡肽并不仅仅用于缓解疼痛。当你想感受"生活的快感"时，内啡肽便是"天使鸡尾酒"的绝佳配料。

工具1：直面你的痛苦

怎样才能做到随心所欲地释放内啡肽？这其实很容易，有好几种方法都可以用，不过，它们之间也有高下之分。让我们从一个实际的例子开始，它同时也是我们讨论内啡肽的主观体验时的一个很好的参照点：你匆忙地穿越两个房间，却莫名其妙地忘记了门口还有门槛，你的大脚趾猛地撞了上去，随之而来的那种疼痛绝对让任何有此体验的人终生难忘。然而，很少有人知道，在疼痛到来之后 10 秒左右，人的体内将会涌起一波内啡肽浪潮，但我知道，我甚至经常利用这种情况来享受内啡肽。每当我不小心碰伤脚趾或磕到身体其他部位时，我就会仰面躺在地板上，平静地呼吸，盯着天花板，同时数到 10。之后，内啡肽涌入我的身体，我会体验到一种近乎亢奋的感觉。这种感觉会持续 60 秒左右，如果你注意观察这个过程，就会发现自己往往会从极度亢奋过渡到如释重负，再到几乎忘却痛苦——当然，除非你真的伤得很重。

我清楚地记得，很久以前的一天，玛丽亚来找我，抱怨她浑身酸疼。"怎么了？"我问她。她说："我也不知道。我两天前去了健身房，可能是因为锻炼才痛的。"我转身面对她，慢慢地说道："你是说延迟性肌肉酸痛？亲爱的，运动后感到酸痛是完全正常的。酸痛其实只是证明你在健身房的锻炼很有成效。"她有些犹豫地点了点头，说好吧。我还记得，一个多月后，她蹦蹦跳跳地跑进厨房，对我说："太好了，我又在运动后感觉到浑身酸痛了！"

我喜欢冷水浴。那种痛苦真是不可思议。出于某种原因，我必须倒数 30 秒才能感觉到内啡肽的作用，但是天哪，我喜欢这种感觉！

我想我永远不会忘记第一次躺在钉床上的感觉。我对瘫痪的恐惧一瞬间转化成了实打实的亢奋。虽然我不能确定这是不是由内啡肽引起的，但这种体验感极其相似。如果当时我没有选择将痛苦视为一种积极的体验，我就永远不会爬上那张钉床，也就永远不会有这些感触。

去医院验血时，针头刺入皮肤的过程往往很痛。当痛苦来临，你可以从消极的方面去想，比如恐惧；但也可以从积极的方面去想，比如，想想现代医疗技术是多么发达，验血是多么方便。想法决定心态，你所处的情境也会随之变得大不一样。

在结束对这一工具的讨论之前，我想和大家分享我最近的一个疯狂的想法：故意让自己暴露在寒冷的环境中，从而促进棕色脂肪组织的产生。棕色脂肪组织可以被视为体内的一个小火炉，是你体内的热源，当你感到寒冷时，它就会被点燃。它对健康的好处还远不只如此。我发起了"北欧一月T恤衫挑战活动"，任何人都可以参加。挑战的内容是在整个一月里，上身只穿一件T恤，不能穿其他任何衣物。说实话，我感觉冷极了！前两周，我从早到晚不停地发抖。这很折磨人，但也非常刺激。我有两个令人兴奋的发现。首先，晨练后我感到精力充沛，而我的朋友们为了御寒裹得严严实实，晨练后往往感到疲惫不堪。其次，经过大约两周半的时间适应之后，我感觉不那么冷了，而且开始觉得在身上穿很多衣服其实很不舒服，也许这就证明我体内的棕色脂肪组织有所增加。我选择忍受冻僵的痛苦，是为了获得棕色脂肪组织对健康产生的积极影响。它可以预防肥胖、糖尿病、胰岛素抵抗，抑制癌症，还对心血管有其他一些好处。而且，更重要的是，它让你不会一直挨冻。那么其他参与者的表现如何？有一半人都坚持到了最后，他们看起来对此非常自豪。

我遇到的很多人都会选择回避短暂的痛苦，比如暂时的寒冷、饥饿以及体育锻炼，同时也放弃它们可能带来的长远好处。如果这些人能够挑战痛苦，迎难而上，他们其实可以得到一次额外的身体上和心理上成长的机会，变成更好的自己。

工具 2：焦虑时不妨微笑

除了内啡肽，微笑还能产生血清素和多巴胺。显然，微笑让我们感觉良好。但是，这是否意味着我们非自发的微笑也能获得同样的益处呢？一项大型元研究汇集了 138 项研究数据，包括 11 000 名受访者，其结果表明，无论受试者是在实验中按指令微笑还是自发微笑，只要他们微笑，就都会感觉更快乐。当我读到这些结果时，我意识到自己之前很难微笑——至少不能真诚地微笑。真诚的微笑（也称"杜乡式微笑"）是由神经学家纪尧姆·杜乡定义并命名的一个概念。他认为，当眼睛的肌肉（眼轮匝肌）和沿着颧骨延伸到嘴角的肌肉（颧大肌）协调收缩时，那才叫真诚的微笑。

杜乡式微笑的好处非常显著。如果有人告诉你，有一种方法可以让你变得更有威信、更不容易离婚、更容易结婚、更快乐、更长寿，而你要做的只是以某种固定方式微笑，你会不会去做呢？当然，我希望能够做到这一点。我点开自己的电子相簿，里面有6万张我们家的照片和5000张我的照片。我浏览了很久，却找不到一张面带真诚微笑的照片。考虑到我在成年后的大部分时间里都感觉很压抑，这倒也不算意外。但另一方面，我倒是找到了自己小时候笑的照片。我想，我其实会笑，只是忘记了怎么去笑。

在我学习新东西的时候，我总是会全身心地投入其中。我练了又练，邻居们肯定怀疑我是个精神病患者。但无论我怎么努力，也无法做到这一点。我需要某种参照物，我需要亲身体验那种微笑。我想了想：什么能让我最快乐，让我最有可能露出杜乡式微笑？很快我就想到了：当我在外奔波了几周回到家的时候，无论天气如何，女儿都会穿着袜子跑出来，在车边迎接我，把头贴在我的脖子上,告诉我她想我了。如果连这时我都无法露出微笑的话,那我基本上就无药可救了。于是,我制订了一个计划:下次回家时,我一定要注意,在女儿拥抱我的那一刻,我的脸上是否露出了杜乡式微笑。几周后,机会来了。我开车驶向车库,停下车,看到莉安娜穿着袜子向我跑来,准备用胳膊抱住我,像往常一样,她把头贴在我的脖子上。老天保佑,就在那一刻!我感觉到我脸上的表情发生了一种令我感到陌生的变化。一进屋,我就去卫生间照镜子,审视自己的笑容。我笑得很灿烂,真是太好了!之后,我便开始练习。我现在有了肌肉记忆,可以作为参照,我已证明我有能力呈现那样的微笑。几个月后,我已经完全可以很自然地发出真正的杜乡式微笑了。当我在演讲、会议或讲座中感到紧张时,快速做出一个杜乡式微笑能够有效地安抚我紧绷的神经。这些情况让我无比清楚地认识到,微笑可以释放内啡肽,从而缓解疼痛。也许这就是我们经常在焦虑时微微一笑或者在害怕时反而大笑出声的原因。

工具3:练习开怀大笑

大笑是微笑的延伸。但与微笑不同的是,大笑有可能产生更强烈的兴奋效果,就像磕破脚趾后产生的那种感觉一样。想想真正的开怀大笑,那种让你感觉腹部肌肉痉挛的笑。通常情况下,当这种笑声结束时,你还会感到有点兴奋和愉悦。与微笑相比,大笑能够激活你的腹部肌肉,从而帮助释放出大量的内啡肽。这也是大笑瑜伽出现的原因,它是一种以腹部发力大笑为基础的运动。有趣的是,研究发现,大脑中的阿片受体越多,人就越容易因有趣的事情发笑。这对我们是有好处的!

内啡肽家族包括 α-内啡肽、γ-内啡肽和 β-内啡肽。其中,β-内啡肽是探讨社会关系的研究中的一个重点。被伴侣温柔地抚摸、参加团体活动或感受到归属感时,它都会出现。一种理论认为,β-内啡肽的生成可能是一种奖励机制,鼓励人们融入以上社交情境中。β-内啡肽本身的作用也十分显著,事实证明,它们能提高我们解读他人情绪的能力,并对他人的处境感同身受。我们的微笑大多出现在社交场合,这其实并不奇怪。索菲·斯科特教授发现,与独处时相比,我们在社交场合微笑的可能性要高出30%。微笑甚至不一定是对有趣事物的反应,而更多地被当作一种社交信号。大笑和微笑不仅让我们感觉良好,而且被证明是一种很好的社交纽带。不幸的是,有很多人和我一样,他们很少微笑和大笑。你可能也是其中之一,如果你是的话,至少你现在知道了,这个问题是可以通过练习来解决的。

工具4：吃点辛辣食物

如果说疼痛能产生内啡肽，那么口腔中的疼痛感也能产生同样的作用，这一点很好理解。人们常说吃辣会上瘾，虽然内啡肽肯定不会让人上瘾，但你应该知道这里发生了什么。

工具5：适度运动

运动也会产生内啡肽。但由于运动还有很多其他好处，我会在本书第七章中单独讨论。

工具6：用音乐排解痛苦

包括来自伊朗医学科学大学的一项研究在内的多项研究都表明，听音乐可以促进内啡肽产生，提高人们的疼痛阈值，从而轻微缓解疼痛。在世界上的一些地方，音乐确实会被用作镇痛剂。想一想，当你感到痛苦难以排遣时，是否会经常听某一种音乐来抚慰自己？当我了解到它们之间的联系后，我才意识到原来我也会这么做。

工具 7：吃点巧克力

巧克力爱好者们，欢呼吧！西娅·马格鲁博士在 2017 年的研究中证明，我们只需要大口大口地吃巧克力，就能享受内啡肽带来的兴奋效果，多巴胺水平也会上升 150%，小小一块巧克力竟能提供双重好处。吃巧克力带来的兴奋感或许不如磕破脚趾带来的刺激感那么强烈，但多巴胺的存在不容忽视，它能让我们得到刺激，也会让我们产生渴望，想要吃下更多巧克力。

工具 8：尝试跳舞

在被新冠疫情困在家里的 700 多天中，我有大约 400 天站在我家的会议室里、站在摄像机前做演讲，而不是像以往那样四处奔波。起初，要为所有这些演讲打起精神，对我来说是个不小的挑战，但很快我就找到了自己的方法。我让摄影师打开屋里的迪斯科灯和烟雾机，放一首艾维奇的歌，然后我便开始跳舞，自己一个人跳上三分钟左右。这为我的情绪带来了不可思议的影响，我感到兴奋而幸福。其实这不难理解，因为跳舞时人体会释放内啡肽。与他人共舞更有助于提高你的疼痛阈值，让你和你的舞伴之间形成更强的联结纽带，这两种效果都与内啡肽有关。我还想补充一点：除了内啡肽，跳舞还能带来其他很多好处。当你觉得需要来一杯提振情绪的鸡尾酒时，跳舞是一个好主意，如果你有舞伴的话那就更好了。

工具9：享受冷水浴

如果你问我，我会说，大多数人泡冷水浴的方法都是"错误"的。说得委婉一些，大多数人泡冷水浴的方法还有待提升，他们本可以更好地享受它带来的好处。接下来，我会分享一些我泡了一千多次冷水浴后总结出的窍门。不过，我得先强调一下，我不能完全保证泡冷水浴给你带来的效果与我一样，而且我建议你最好在朋友的陪伴下到浅水区泡。如果你知道自己容易焦虑发作，我建议你在泡冷水浴时请专业人士帮忙，因为这种体验可能会引发焦虑。不过，对我们大多数人来说，它带来的只是纯粹的兴奋。

我的冷水浴窍门

立即进入冷水中，并且确保你的肩膀一并浸入水中——这一点很重要！冷水会立马触发你的交感神经系统对疼痛和危险做出反应，你的神经变得十分紧绷，并开始呼吸急促。大多数没有经验的冷水浴者在这个时候都会开始疯狂地逃离水池，如果他们碰巧在水疗中心的话，几英尺外热水池里的人便会随之向他们投来钦佩或评判的目光。但记住，不要离开水池！

相反，你要尽可能缓慢地通过鼻子吸气和呼气。当你已经可以控制呼吸时，接下来就该开始有意地放松肌肉。平缓呼吸和放松肌肉这两项活动都能帮助你控制交感神经，控制其触发的即时应激反应。现在已经过去了大约15秒钟。再等15秒，然后将脸浸入水中。这样做会激活人类本能的潜水反射，降低你的心率，帮助你进一步放松呼吸。此时，应该已经过去了30秒。大约在这个时候，你就会开始体验到内啡肽的镇痛和兴奋效果，也正是在这时，你需要再次提醒自己放松肌肉。大约45秒后，你就可以自由地充分享受冷水浴了。把注意力从自己的身体上移开，放空自己，去尽情感受世界的美丽。如果你在户外，那就听听鸟儿的叫声；如果你在浴室里，就观察瓷砖的颜色和图案。坚持15~30秒，然后从水里出来，开始享受胜利者的喜悦！

出水后，你可以再花点时间享受一下身体里正在发生的所有反应，同时一定要欣赏一下周围的美景。你将感受到大量内啡肽、去甲肾上腺素和多巴胺的共同作用。虽然还没有人证实这一点，但我认为血清素也是促使这项活动产生满足感和自豪感的功臣之一。恭喜你！你刚刚在60秒内从恐慌过渡到了兴奋，除了泡冷水浴，你很难通过其他方式快速体验到这种奇妙的情感变化。这种效果通常会持续几个小时。无论我的学员是在什么季节开始上我的自我领导力课程，他们都有机会马上尝试冷水浴。我辅导过很多人之后发现，即使是焦虑症患者，只要能够实时接受辅导，他们也能学会如何应对焦虑。这件事无比清晰而有力地证明：控制自己的呼吸、敢于面对并忍受痛苦而非逃避，是多么伟大的一件事。

本章小结

就像传统鸡尾酒中的樱桃或酸橙片一样，内啡肽是"天使鸡尾酒"的绝佳点缀。我爱上了微笑和开怀大笑，并且不能理解为何自己曾有一段时间完全不爱笑。如果你觉得自己没有那么爱笑，我郑重地恳请你，为了自己学着去笑一笑吧！无论是微笑还是开怀大笑，请多笑一笑，它们所释放的内啡肽将点缀你每天的生活，让你的"天使鸡尾酒"作用发挥到极致。先从跳舞、跑步或泡个简单的冷水浴开始吧，让内啡肽为你的生活带来一点兴奋与刺激。

第六章

睾酮
——体验自信与胜利的感受

欢迎来到睾酮的奇妙世界！这是我们要讨论的第六种也是最后一种物质，它能让你的"天使鸡尾酒"更加完美。人们普遍认为睾酮与攻击性行为有关，这是对睾酮最大的误区所在。你很快就会知道，情况并非如此。

要了解睾酮的实际作用，就先要了解睾酮本身。罗伯特·萨波斯基博士将睾酮的主要作用描述为"放大"。如果说一个人的血清素水平反映了其当前的社会地位，那么睾酮则提供了改善社会地位的工具。暴力是提高社会地位的潜在工具之一，因此，睾酮会让人更具攻击性。然而，如果你选择的提高社会地位的工具不是暴力，而是慷慨助人，那么睾酮则会转而放大慷慨助人这种行为；如果你选择的提高社会地位的工具是幽默感，那么睾酮会让你变得更幽默；如果你试图用一些新发明或新点子来提高自己的社会地位，那么睾酮会增强你的创造力。萨波斯基甚至在一次采访中开玩笑："如果你用大量的睾酮刺激一些佛教僧侣，他们可能会疯狂地攀比谁做的善举更多。"因此，睾酮是一种极其强大的物质，它可以强化放大你已经表现出的行为。

在正式介绍睾酮之前，我有必要提一句，男性和女性都拥有性激素睾酮，正如男女都有雌激素一样。只是男性的睾酮往往比女性多，而女性的雌激素往往比男性多。然而，同量睾酮的增加给男性和女性带来的心理影响往往是相似的。经过在课堂上的观察，我发现了一个有趣的现象，那就是女性学员最喜欢睾酮练习，而且在训练前后表现出的感知差异更为显著。我猜，这或许是因为她们平时没有那么多机会体验睾酮快速提升带来的快感。

我还记得，当我刚刚了解到睾酮对社会地位的影响时，我停下来思考了很久，回想自己平时喜欢使用哪些习得行为来提升社会地位。很快，我就发现自己并不属于任何一种常见类型：我不靠昂贵、华丽的衣着装扮来彰显社会地位，也不喜欢参加社交活动来获取各种名誉头衔。相反，我更倾向于在以下五个方面努力：（1）我的核心技能，包括在台上台下使用的沟通技巧。我喜欢利用这些能力来提高自己的社会地位。（2）分享知识。（3）帮助他人。（4）提供创意与创造力。（5）表现得与众不同。这五项对我而言不分先后，只会因时间和具体情况而异。现在，你也可以花点时间考虑一下，自己倾向于使用哪些方法？放下书本，靠在椅背上，想想看：当你的社会地位受到威胁时，或者当你只是想巩固自己的社会地位时，你通常会在哪些方面突出展示自己。这里有一些小贴士可以帮助你找出答案：想想你在完全陌生的社交场合是如何表现的，你在社交媒体上发布了什么内容；或者，当你想得到更多关注和认可时，你在职场或学校里做过哪些事情。

我列举的这些行为都是积极、正面的，但正如我在本章开头提到的，暴力与攻击性行为也可以作为提升个人社会地位的手段。其他类似的消极手段还包括贬低他人、轻视他人、说他人坏话、夸大其词、扮演受害者、固执己见，以及更微妙的方法，包括提高嗓门、使用具有优越感的语言和肢体语言等。

一个有趣的事实是，几乎每个人都在用提高音量的方法来获得社会影响力。正因为每个人都是这么做的，这就意味着，你可以通过观察来了解周围人的行为模式，看看他们是以积极的方式还是消极的方式去获取社会地位的。如果你细心观察，你就会渐渐知道他们的哪些行为代表其在社会中处于弱势地位，并视情况为他们提供帮助。也许调用睾酮可以让我们的社会地位以及血清素水平上升，从而进一步带来血清素的另一重好处，即幸福感增加与对未来的预期更加积极。

睾酮还能提高人的风险承受能力。也就是说，睾酮水平越高，我们就越愿意尝试冒险。然而，关于睾酮在这个过程中究竟扮演什么角色，还没有定论，其他因素似乎也在起着作用。最近的一个假说认为，真正促进冒险的可能是皮质醇和睾酮的结合。詹妮弗·库拉特与芮·马塔在文献综述中发现两者之间存在相关性，尽管这种相关性相当微弱。

睾酮的第三个好处是，它可以帮助我们增强自信心。维也纳大学的哈娜·库特利科娃表示，睾酮与我们的竞争力有关，它能让我们不轻言放弃。另一位研究人员科林·卡默尔指出，睾酮会削弱我们对冲动的控制，这也可以解释为自信心增强的一种表现。我们的社会非常看重自信心，作为一种个人特质，它可能在我们的进化过程中也发挥了重要作用。人类通常会排斥不确定性，我们中的大多数人更喜欢安全感而不是不安全感。自信的领导者、销售人员、潜在伴侣、谈判代表或演讲者给人以安全感，因此他们往往能够脱颖而出，比不自信的人更有吸引力。

在我的自我领导力课程中，我会引导学员体验本书中提到的每一种物质，其中包括一个小时的与睾酮相关的感觉探索。学员们对睾酮体验的描述与他们对其他五种物质的体验描述截然不同。经常出现的词是"无敌"、"强壮"、"狂妄"、"强大"和"无所畏惧"，而且，正如我前面提到的，女性感受到的睾酮的影响往往比男性强烈许多。

因此从根本上说，如果你能够随心所欲地提高睾酮水平，这就意味着你能够随时随地增强你的自信心，这简直可以说是一种小小的超能力了。接下来，就让我们来讨论一些可行的方法。

工具 1：体验胜利的快感

取得胜利会刺激我们的睾酮水平。然而，"什么是胜利"是一个非常主观的问题。如果有人在纽约马拉松比赛中获胜，却未能以比上次更快的速度完成比赛，那么他仍然会对自己的表现感到失望。那么，这个人获得的睾酮将少于最终排名第 17 位但比个人最好成绩快 5 分钟的人，尽管后者在比赛中感到筋疲力尽，中途还差点退出比赛。

我平时会在韦斯特罗斯郊外的庄园里进行线上讲座。讲座开始前，如果我感到有些乏力或沮丧，或者有什么事情让我觉得这次演讲不会顺利进行，我就会要求我的团队先拿出 15 分钟时间休息，组织一些小小的竞赛活动。我们会拿着发射泡沫飞镖的塑料玩具枪在房子里追逐打闹，每个人都很投入，玩得很开心。在我们拿着塑料玩具枪冲锋陷阵的 15 分钟里，我能感觉到自己的睾酮水平快速上升，不知不觉中，我就会觉得自己已经准备好在镜头前开展一场精彩绝伦的演讲了。

其他能够产生类似感觉的方法还有：玩一局你十拿九稳的游

戏，或者参加一场你有信心能赢的比赛。

我通常只要回想一下过去的胜利和成功就会变得信心十足了，除非我的情绪低潮来得特别严重。

研究员P. C.伯恩哈特发起过一项研究，旨在探明在一场足球比赛中，睾酮能否为场下的球迷带来与场上的球员相似的兴奋感受。结果显示，获胜球队球迷的睾酮水平会增加20%左右，而失败球队球迷的睾酮水平则会下降相同的幅度。总而言之，这意味着获胜球队的球迷和失败球队的球迷之间的睾酮水平可能存在40%的差异。

有趣的是，至于场上的球员，无论输赢，他们本身的睾酮水平都呈上升趋势。根据加州大学伯克利分校的一项研究，足球运动员在比赛当天的血糖水平会飙升30%，而即使到第二天，仍会比基线水平高出15%。这项研究的另一位研究员本杰明·特朗布尔评论说，虽然这项研究的对象是男性，但他预计针对女性的研究结果也是类似的。

工具2：听激昂的音乐

长崎大学的科研团队开展的一项研究表明，睾酮水平较高的男性往往欣赏不来"复杂"的音乐，如爵士乐或古典音乐；相反，他们更喜欢摇滚乐。还有一种常见的情况，我们大多数人应该都很熟悉：当汽车音响系统播放某种特定类型的音乐时，我们就会产生开快一点的冲动。在健身房也是一样：听某种音乐会让你感觉身体更强壮，更"不好对付"。其他研究表明，音乐同样能够提高男性和女性的睾酮水平。这一点启发了我们：即使不在健身房里，我们也可以通过听健身时的音乐来获得健身时的那种兴奋感。

工具3：控制你的身体

作为演讲技巧方面的专家，我花了数年时间研究了数千名演讲者，定义了110种肢体语言和声音技巧，并为它们分类编目，这些技巧对于改善沟通能力都是非常实用的。有了这些经验，当别人在沟通中为了提升自信而使用某些技巧时，我可以轻易地识别出他们使用技巧的不当之处。我还知道，只要对这些技巧稍作调整，就可以帮助他们把事情做得恰到好处，让他们感觉更自信。

我对自己辅导过的一个人记忆尤深。他的五官英俊，体型健美，而且衣着考究得像时装模特，头发打理得像希腊神祇，绝对是个十全十美的人。他迈着从容的步伐走进房间，目光坚定，握手有力，脸上的微笑表明他非常自信。我们简短地交谈了几句，然后，我请他开始他的演讲。他连接好电脑，走到角落里站定后便开始了。几乎就在一瞬间，他完美的形象就如流沙般崩塌了。我们往往会从七个方面评估一个人的自信心：身体是否摇摆不定、臀部是否扭个不停、目光是否低垂、双脚是否平行站立、双臂是否拘束在身前、是否使用了大量的语气词、音量是否低沉。这个人几乎把七个雷全部踩中了，我很震惊。

我从未见过如此惊人的人设崩塌，从来没有人当着我的面难过成那样。我向他描述了我的感受，结果正如我所料，他在过去的工作中曾经有过一些失败的演讲经历，因此，他向自己灌输了一种错误的认知，告诉自己"我是一个糟糕的演讲者"。我们开始依次解决这七个问题，纠正之后，我请他再做一次演讲。最终，我给他分别看了这两次演讲的录像，他热泪盈眶。他告诉我，他从未想过会有如此大的差别，这差别不只是改变了肢体语言那么简单。他觉得，现在他在发言时，整个人都闪耀着真实而自信的光芒。他还觉得我们能帮他在这么短的时间内实现如此巨大的改变，实在是不可思议。问题解决了。他继续练习肢体语言，并给大脑以暗示："一切都很顺利，尽在掌握之中"。这种自信便一直伴随着他，他开始在演讲中屡战屡胜，很快，他在台上变得像在台下一样如鱼得水。这只是我举的一个比较极端的例子，我还可以举出很多其他的例子，在这些例子中，肢体语言或声音的细微变化都足以对某人的自信心产生立竿见影的影响。我不能言之凿凿地说这些影响一定是由睾酮引起的，因为我没有测量人们在改变之前或之后的睾酮水平，但我仍有足够的信心说，这些人的睾酮水平在改变之后肯定提高了。

当你想在做某件事情之前增强自己的信心时，你应该记住：昂首挺胸，双脚平行站立，运用手势，避免摇摆身体或扭动臀部，尽可能消除无意义的语气词，大声清晰地说话。总结一下这部分：如果你觉得没把握，就抓住活动开始前的最后十分钟，拿出主宰世界般的气势，昂首挺胸地站着，或闲庭信步地踱上几步。如果你能将这一技巧与我们之前讨论过的听觉和视觉技巧结合起来，那么效果会变得更好。

工具4：在不同领域建立自信心

见识过了这位"男模"完美形象崩塌又复原之后，我更加深刻地认识到，人可以多么灵活自由地调整自信心。自信心与我们从事的活动有很大关系。例如，你开始打篮球，随着赢球次数的增加，你对打篮球的信心和安全感也会随之增加。然而，篮球场上的胜利对你登台表演节目或参加政治辩论的自信心没有太大的帮助。但是，如果作为篮球高手的你在排球或足球场上也取得了类似的成功，并在这些运动中培养了自信，那么当有一天你决定尝试打曲棍球时，信心便也会延续到曲棍球场上。重要的是，你要意识到这与自信心有关。当然自信心也不是一成不变的。相反，它是一种动态的状态。我们可以在生活中的不同领域建立自信心，并通过练习以及积累特定领域的成功经验来不断培养它。

工具5：不同人格的社交方法

在你的大脑中，有一个区域叫"中缝核群"。在这个区域中，有一小撮多巴胺神经元，它们执行着多种多样的功能，其中就包括驱使你产生社交欲望。当你的社交欲望得到满足时，多巴胺就会被释放出来。这项功能的差异将人分为内向型和外向型两类，两者的区别在于外向型的人更渴望社交。也就是说，与内向型的人相比，他们需要在社交活动中花费更长的时间才能得到社交满足感。

马斯特里赫特大学的莫琳·斯梅茨–詹森进行了一项极富启发性的研究，结果表明，性格外向的人体内往往有更多的睾酮。人内向还是外向是一成不变的吗？完全不是！这种状态会随着情境以及某人某天的感受而不断变化。就我个人而言，我一生中的大部分时间都比较内向，但自从从抑郁症中恢复过来后，我变得越来越外向。近些日子，我对社交如饥似渴，需要投入更长的时间与人交往才能感到满足。正如你可以通过练习打篮球来让自己在球场上变得更自信一样，你也可以通过练习社交互动，让自己在社交场合上更加自信。

工具6：看电影

看电影有助于提高我们的睾酮水平，这一点并不令人惊讶。不过，要实现这一点，重点在于我们要与电影中的主人公产生共鸣，能够与他们感同身受，感觉到自己在某种程度上与他们一起经历成功过程。一项研究表明，观看《教父》中唐·柯里昂的故事后，男性的睾酮水平会升高，而女性的睾酮水平则会下降。然而，在观看《BJ单身日记》时，女性的睾酮水平保持不变，而男性的睾酮水平则会因此下降。这和前面提到的足球球迷例子是一个道理，我们需要对其中一支球队投入非常强烈的情感，才能在他们获胜时体验到睾酮的提升。同样，我们需要强烈认同电影中的某个角色，才能产生同样的效果。

工具 7：操纵攻击性想法

罗伯特·萨波斯基博士认为，攻击性会导致睾酮水平上升。利用攻击性来提高睾酮水平的一个窍门是，在重要会议之前去洗手间，然后想一些具有攻击性的想法，最好再辅以威胁性的肢体语言和刺激的音乐。我也经常会在一个没人听得到的地方大喊，自言自语些咄咄逼人的话，以最大限度地暂时提升我的攻击性，从而进一步提高体内的睾酮水平。

需要提醒的是，不受控制的攻击性行为是我们社会中的一个巨大问题。如果你感觉到自己的社会地位正在受到威胁，你的攻击性就会增强，若你想要抑制它，最明智的做法就是避免对自己施加不必要的刺激。你可以学着捕捉身体发出的危险信号，及时制止自己的攻击行为。冥想是个很好的方法。如果你发现自己正在进入戒备状态，可以试着用呼吸法来缓解紧张，避免酿成灾难。

本章小结

睾酮是"天使鸡尾酒"中的一种神奇成分,它能帮助你在求职面试、社交、谈判、演讲等各种场合有更好的表现。但值得注意的是,睾酮可能会影响你的判断力和自制力。一定要记住这一点,以防突然飙升的睾酮影响你生活中的重大决策。

从长远来看,你也可以通过听音乐、展现自信的一面或回忆过去的成功经验等方式使用睾酮来提高自信心。一旦你判断出形势有利于自己,尽管放手去做吧。养成良好的心态,将挫折和失败视为未来成功的垫脚石。如果你想在某个领域变得更自信,不要着急,从一步一步积累点滴的成功开始。

第七章

美好生活的基本要素

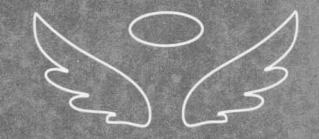

要成为最好的自己，必须具备良好的自我领导力，也就是调整自己的思想和决策的能力。在培养自我领导力的过程中，你可以做出很多妥协，只要这些妥协最终不会阻碍最终目标的实现。但是，有四个方面是绝不能让步的：睡眠、饮食、运动和冥想。这些对你的健康至关重要，我另写一本书来逐一介绍它们都不为过。进一步讲，要想调配一杯质量上乘的"天使鸡尾酒"，所需的基本要素可归纳如下：良好睡眠、合理饮食、定期锻炼和日常冥想。接下来我会就这四个方面给出更加具体的建议。

睡眠

1. 我和绝大多数成年人一样，平均每晚需要七到八个小时的睡眠。诚然，有些人只睡六个小时也能应付自如。但在医学上，睡眠时间少于这个标准还能维持生活的人极少，不过误以为自己属于这一群体的人却相当多。

2. 深度睡眠是四个睡眠周期中最重要的一个。一个成年人需要有13%~23%的时间处于深度睡眠状态，才能在第二天保持精力充沛。深度睡眠对我们的记忆处理过程非常重要。你可以使用智能手表或者一些追踪装置来监测你的深度睡眠质量如何。如果你一个人睡，而不是与伴侣或孩子同睡，这些仪器测量出的数据将会更加准确。

3. 有一些小窍门可以让你更容易入睡，并从整体上改善你的睡眠质量：

- 睡前几个小时远离电子设备，避免蓝光影响。
- 保持卧室温度在凉爽水平，不要过于温暖。
- 确保卧室通风良好，以免二氧化碳在夜间积聚。当你睡醒时，二氧化碳测量仪显示的浓度应低于1000ppm，最好为600~700ppm。大多数电子产品商店都可以买到这些测量仪。
- 如果别人会打扰你睡觉，那么你最好自己睡。
- 感到疲倦时再上床睡觉（如果你在床上辗转反侧超过半小时，说明你还不够疲倦）。为了确保晚上更易困倦，你可以在白天做一些会让你身心疲惫的事情。
- 你的生物钟就像一个内部计时器，早上向你输入皮质醇和其他物质，让你开始工作；晚上激活褪黑素的分泌，让你感到困倦。但是，这种计时器可不是你转动旋钮就能设定那么简单，让你的眼睛吸收到阳光才是设定它的唯一方法。因此，在春季、秋季和冬季的早晨，你得吸收尽可能多的阳光。晨练时不妨抬起头来，让光洒在你的脸上（但不要直视太阳）。这有助于优化你的生物钟和你的作息节律。

- 避免带着焦虑入睡。睡前尽量排解你可能出现的焦虑情绪。如有必要，可以通过冥想来让内心平静下来。
- 酒精会对睡眠质量产生负面影响，尽管有时主观上你可能会觉得它有助于睡眠。
- 最后，让我们用最重要的窍门来结束本小节：每晚在大致相同的时间上床睡觉，如此建立一个良性的睡眠—觉醒循环。

饮食

1. 多样化的饮食有利于你的肠道健康，并帮助你摄入足够的重要维生素、矿物质和微量元素。当然，你尤其应该多吃水果和绿色蔬菜。我自己尝试坚持地中海饮食，因为它已被证实有利于健康长寿。它主要包括蔬菜、水果、鱼类、清淡的肉类、豆类、全谷物食品，以及源自橄榄油、坚果和种子等的健康脂肪。我还会控制自己，尽可能减少摄入红肉和加工肉类、动物脂肪以及含有添加糖的食品。

2. 为了避免能量下降和随之而来的多巴胺崩溃，我会尽量少吃快碳水化合物。如前几章中提到的，这样的多巴胺崩溃会让你渴望摄入更多的快碳水化合物，让你感觉更加疲劳，陷入恶性循环。因此，最好选择慢碳水化合物，而不是快碳水化合物。

3. 别忘了摄入不溶性膳食纤维。全谷物面粉、坚果和豆类中都含有这类物质。这些食物会让你更有饱腹感，降低患结肠癌或直肠癌的风险。

4. 避免食用添加了精制糖的产品。它们带来的负面影响实在太多，我就不在本书中一一列举了。

5. 我不太信任那些益智补充剂，哪怕它们是合法的也不行，例如咖啡因、L–茶氨酸或莫达非尼。良好的睡眠、坚持运动、合理饮食、参加社交和释放压力也可以达到类似的效果，而且效果更持久。你的身体里已经有一个完整的化学工厂，可以为你调配出任何你想要的"天使鸡尾酒"，但凡你能学会了解它并正确使用它，你就可以在余生中体验到任何你想要的效果。然而，如果你依赖咖啡、香烟或药片等外在物质,那么你便会失去自给自足的能力,丢掉这些"拐杖"就走不了路。我知道,这么说可能有些极端。那些"利用外部物质来了解你想要的效果是什么感觉,然后再尝试利用自我领导技巧来达到同样的效果"之类的观点,倒也不是不能理解。

6. 避免食用火腿、培根和肉酱等加工食品,因为这些食品与心脏病、2型糖尿病以及某些癌症等疾病有明显的关联。
7. 波士顿塔夫茨大学某研究小组正在进行的一项研究表明,鱼油对预防炎症很有帮助。而其中,抗炎效果最好的是含有大量 ω-3 脂肪酸的鱼油,摄入剂量在 1 克以上时效果最理想。也有人研究过鱼油与抑郁症之间的关联,结果表明,鱼油确实能对我们的情绪产生积极影响。不过,如果你目前正在接受抑郁症治疗,在饮食中添加鱼油或其他补充剂之前,一定要先咨询医生。

运动

还记得我在血清素一章中对炎症过程的描述吗?我提到了炎症产生过程中释放的细胞因子会影响我们的免疫细胞收集色氨酸(也就是血清素的生成物质),然后利用 IDO 酶将其转化为一种叫作犬尿酸原的物质，而这种物质具有潜在的神经毒性，对大脑有害。简单来说，这意味着慢性炎症会对我们的心理产生两种负面影响。一方面，它会消耗精力，占据我们获取血清素的通道；另一方面，它会产生一种可能毒害我们大脑的物质。然而，德国科隆体育大学的尼克拉斯·约伊斯坦发现，运动有助于身体处理犬尿酸原，使其反过来保护大脑免受犬尿酸原的伤害。这就是神奇的生物学！

我从18岁开始就一直坚持运动，只中断过两次。这两次中断都是因为参与了一些极端的运动项目。第一次是受电影《雷神》的启发，当时克里斯·海姆斯沃斯没穿上衣的样子令人印象深刻——但真正激发我动力的，是我听到旁边传来的声音——当雷神第一次出现时，我听到玛丽亚"啧"了一声，咽了一口口水。这激发了我的斗志，我开始想方设法练出希腊神祇般的体格，而且不知出于什么原因，我一心想在6个月内做到这一点。于是，我像往常一样充满斗志，咨询营养师，聘请了全职私人教练，还请一位曾多次获得冠军的健美运动员为我制订专门的训练计划，从此开始了前所未有的刻苦训练。6个月内，我的体重增加了9公斤，其中4公斤是结实的肌肉。我的衬衫都快被撑破了，开会时纽扣都会飞掉，最后我不得不买一套全新的正装。我实现了自己的目标，且为自己的进步感到高兴。但在最后阶段，我发现自己获得的皮质醇过多，而多巴胺却远远不够。最后两个月，我完全是靠意志力坚持下来的。结果，我后来完全对运动失去了兴趣，整整一年都没有再运动。

回顾过往，我尝试过无数的运动计划和训练方案，最终，我找到了唯一一个对我来说似乎可以长期坚持的，那就是将锻炼融入我的生活中。我每周锻炼6天，因为这成了我生活的一部分。我每天都去散步或去健身房，并非刻意为之，而是将其变成自己的习惯。我们的祖先每天步行数英里，他们的手臂一天举起的重量绝对超过我们许多人一个月举起的重量。生命在于运动，让我们运动起来吧！

冥想

当我摆脱反复出现的消极想法时，我有了两个极具启发性的发现。一个是我开发出的名为"压力量表"的工具，它可以消除我的慢性压力，另一个就是冥想。我的问题在于，我的大脑总是无法安静下来，千头万绪在里面嗡嗡作响，让我不得安宁。这本身已经很成问题了，雪上加霜的是，这些想法大多是负面的、批判性的或破坏性的。我每天都要喝数百杯"魔鬼鸡尾酒"。每个念头都在对我施压，而我却无法叫它们停下。直到有一天，我学会了冥想。在本书前面部分，我解释过如何利用冥想来延缓刺激反应。在我开始冥想之前，我承受着脑海中每一个负面想法带来的压力，但经过仅仅四周的冥想练习之后，我就能够很好地接纳这些想法，在对刺激做出反应前暂停片刻，并利用这段暂停来判断我对想法的感受。让我们一起来试试吧！我将介绍我常用的专注冥想方法，建议你花上五分钟一起尝试一下。如果你已经是一个有经验的冥想者，你可能对这些东西了如指掌，但你仍然可以花五分钟时间单纯享受一下冥想的乐趣。

1. 坐立，最好是莲花式，背靠墙壁，或者坐在椅子上。如果你坐得太舒服或者躺着，有可能会睡着，那就没办法冥想了。
2. 放松全身。从你的双腿到双臂，尤其注意放松下颌和舌头。
3. 保持眼睛不动。这会让你更难思考，而我们希望在冥想时尽量少思考。
4. 深呼吸三次。每次吸气后都要长长地呼气。
5. 闭上眼睛，继续深呼吸，慢慢吸气和呼气，频率控制在每分钟七次左右。
6. 呼气时对自己默念"呼"，吸气时对自己默念"吸"。
7. 出现想法很正常。在你意识到有想法出现的那一刻，你只需在脑海中想象把它送走的画面。向右或向左，向上或向下，这都没有关系。

8. 这里有一个非常重要的细节，那就是你不要因为每时每刻都有想法涌入脑海而对自己进行评判或感到难过。在我初学冥想时，这些念头每秒都会出现，而且往往一次能来两个。即使我已经练习了这么多年，最高纪录也仅能保持在30秒内没有任何想法而已。

一旦你在冥想中找到了自己的节奏，就能体会到它奇妙无穷。你的"天使鸡尾酒"中会充满改善情绪的血清素和活力四射的多巴胺，还会补充一定剂量的GABA（γ-氨基丁酸）以放缓大脑运转速度，同时让我们变得更加兴奋。除此以外，你还会体验到皮质醇水平降低带来的松弛感。很少有人能在第一次冥想时就找到自己的节奏，但如果你每天坚持练习，掌握它便指日可待！在最初的6个月里，我每天冥想20分钟。冥想带来的短时体验很美妙，但真正神奇的还是其长期效果。冥想可以预防焦虑、释放压力、缓解疼痛、减少消极思维、减轻抑郁症状、减少孤独感，还能提高你的社会参与度、创造力、专注力、记忆力，帮助你认识自我，让你更富有同情心。你可以随时随地、不花一分钱地进入冥想状态，最重要的是，它不会占用你多少时间。研究表明，每天只需冥想13分钟，持续8周，就能产生强大的效果。你需要做的就是从现在开始养成这种习惯。如果你还是觉得自己没有时间，那恰恰说明你格外需要冥想，因为你实在太过焦虑了。

专注冥想、感恩冥想和观察冥想是三种最常见的冥想方式，它们都遵循我在此前概述的基本过程，区别只在于你在每次冥想中实际做了什么。

专注冥想： 要求你专注于自己的呼吸或心跳，直到你做好准备，放空一切，让你的思想自由驰骋。

感恩冥想： 你会专注于对每一件事、每一个人以及你自己的感激之情。让你的思绪从生活中见过的一张张面孔上、一段段经历中，从自己的一个个身体部位依次闪过，每闪一次都说声"谢谢"。事实证明，感恩冥想能培养我们对他人的同理心。如果你觉得自己在感恩这方面还有待改进，那么这种冥想就非常适合你。

观察冥想： 它强调的是，无论你在想什么，都要与自己保持距离，并以第三人称视角从远处观察这些想法。产生想法是很自然的，但你要练习不去评判它们，再不声不响地把它们送走。当你想延长反射弧、让自己的情绪起伏不那么强烈时，这种特殊形式的冥想会非常适合你。观察冥想最常见的效果包括自控力增强、评判心理减少等。

自发冥想

你还可以自主选择一天中的某个适当时段进行冥想。对我来说，当我去潜水、洗澡，或者散步的时候，我都可以冥想。考虑一下你倾向于在何时开始自发冥想，看看是否可以多找些机会。理想情况下，这种自发冥想应当与每日专注冥想相辅相成。

创意冥想

如果你很年轻，或是已经有孩子的话，你一定还记得"指尖陀螺"带起的风潮。这是一种可以用手指旋转的小玩具，一次能转上几分钟。有一天，我带了一个特别炫的指尖陀螺回家，它可以持续转整整三分钟。我告诉女儿莉安娜，我开发了一种叫"小陀螺冥想"的游戏。作为指尖陀螺的狂热粉丝，她迫不及待地想试一试。我让她躺在地板上，把小陀螺放在她的额头上，然后让它开始旋转。她的任务就是闭着眼睛静静地躺着，感受小陀螺的转动，直到它停下。三分钟后，她睁开眼睛，脸上的神情有些许茫然，对我说："太棒了！我能再做一次吗？"这就是莉安娜的冥想入门，她甚至还带她的朋友们也尝试了。

我将在下一节中简单总结一下到目前为止我们已经讲过的所有内容，帮助你更好地理解"天使鸡尾酒"到底为何物。同时，我还会一并教你如何在每天早上、晚上或者你喜欢的任何时间轻松地为自己调制一杯"天使鸡尾酒"。它不会有任何副作用，只会给你的生活带来更多惊喜。

触发六种物质的秘方

调酒师靠在吧台上,问你想要来点什么。

"我要一杯加睾酮和内啡肽的天使鸡尾酒,谢谢。"

"哇,是在特殊场合喝吗?"

"是的!这是我余生的第一天,所以我想从睾酮中获得自信,从内啡肽中获得愉悦。这是最适合我的组合!"

"听起来不错!加油!"

为了方便你更易实践,也为了节省你在本书不同章节之间来回翻阅的时间,我总结了我们在本书讨论的六种物质,以及触发它们的工具、方法。如果你想更方便查询,不妨把下面这张表打印出来贴在你家墙上。

多巴胺	催产素	血清素	内啡肽	睾酮	皮质醇(需要减少)
找出情绪动因	拥抱	满足感	微笑	体验胜利的快感	放松
保持动力	尝试身体接触	多接触阳光	开怀大笑	保持胜利的信念	冥想
制作愿景板	眼神交流	合理饮食	吃辛辣食物	听激昂的音乐	减轻焦虑
尝试冷水浴	高质量性爱	运用正念	运动	控制你的身体	压力量表

（续表）

多巴胺	催产素	血清素	内啡肽	睾酮	皮质醇（需要减少）
保持多巴胺平衡	待在温暖环境中	减少炎症	听音乐	增肌	提高催产素水平
拒绝多巴胺堆积	待在寒冷环境中	冥想	吃点巧克力	控制攻击性行为	减少炎症
适度分配多巴胺	慷慨分享	性爱	跳舞	运动	运动
内源性多巴胺与外源性多巴胺	听舒缓的音乐	感知社会地位	看电影	看电影	呼吸
丰富多巴胺来源	善用同理心	微笑	看照片	看照片	改变你的心态
期望	常怀感恩之心	开怀大笑	性爱	性爱	多巴胺与皮质醇
社交	试试荷欧波诺波诺法	运动	回忆	运动	打破思维定式
读书	读书	回忆		回忆	消除虚假事实
看电影	看电影				调和相互冲突的事实
看照片	看照片				性爱
性爱	冥想				回忆
运动	回忆				
冥想					
回忆					

第七章　美好生活的基本要素

七种强大的练习方法

下面,我会教你几种神奇的方法,以后你就可以给自己调制"天使鸡尾酒"了。

工具1:建立晨间例程

一日之计在于晨。你可以针对每一种物质选择一样激活工具,再把它们组合起来,设计成一套属于自己的晨间仪式。在你力所能及的情况下,每天早晨执行这套例行仪式,循序渐进地把它变成你的习惯。

1. 看看你的愿景板,体验动力满满的感觉(请查阅多巴胺一章中的相关内容)。
2. 为你关心的人做点事。给他们打电话、发短信,或录一段视频发给他们(催产素)。
3. 早晨尽快到户外晒太阳,回忆一些积极愉快的事情(皮质醇+血清素)。
4. 进行一些运动,或听些优质的播客或节目(血清素+内啡肽+多巴胺)。

5. 告诉自己：今天将是胜券在握的一天（睾酮）。
6. 冥想或做一些呼吸练习（缓解压力）。

工具2：使用压力量表

如果你还没有填过压力量表，请按照第127页的说明填写你的压力量表，然后尽可能消除或解决你添加到图表中的条目。也可以请朋友帮忙，让他们谈谈对压力量表上的问题的看法，这样或许能帮助你找到新的解决方法。此外，有些压力往往会悄然而至，而不会在一开始就显露出来，因此，你可以每半年填写一张新的压力量表，重新整理情绪。

工具3：引导

"引导"是指为激活某些东西而做的准备。在这里它指的是冥想。你要为自己准备一套量身定制的冥想流程，在这套流程中你将逐一关注六种物质。如同大多数冥想练习，此过程始于放松你的身体，进行缓慢而深沉的呼吸，舒缓面部肌肉。之后，一旦你达到了平静的状态，就可以开始依次针对每种物质进行冥想。下面我将举例说明如何进行此流程：

1. 回忆与感恩、爱和关怀相关的经历（催产素）。
2. 回忆让你感到幸福、和谐、平静和满足的经历（血清素）。
3. 回忆与自尊和自爱相关的经历（血清素）。
4. 回忆让你开怀大笑的事情（内啡肽）。
5. 回忆一些让你动力十足的事情，并畅想未来成功的场景（多巴胺）。
6. 回忆你过去所拥有的权力以及让你奋斗、胜利、成功和自信的经历（睾酮）。

这套流程的顺序很重要。因为最初的呼吸与放松环节能有效降低你的压力指数，接下来的冥想将辅助你逐步深化情感体验，最后达到情感的巅峰。你可以在进行冥想时播放音乐，从而增强冥想的效果。如果你有音乐天赋，甚至可以自己编曲，精心挑选与每一种物质和记忆相匹配的音乐，每一段音乐控制在两分钟左右，最终拼缀在一起，形成你自己的专享"冥想曲"。

工具4：选择一种你最爱的物质

想要开启愉快的新一天，一个简单方法是，选择一种你最喜欢的物质，然后在一天中多次练习触发它。选择两种也可以，但三种以上就太多了，很容易造成混乱。这里有一些简单的指导性总结，可以帮助你选择要练习触发的物质。选好后，你可以随时回到相关章节，复习一遍我列出的工具。如果你准备好了，那就开始吧！

- 如果你觉得缺乏自尊和自爱——选择血清素
- 如果你觉得缺乏动力和干劲——选择多巴胺
- 如果你觉得在某个领域或方面缺乏自信——选择睾酮
- 如果你觉得缺乏活力和专注力——选择多巴胺
- 如果你觉得缺乏幸福感——选择血清素与压力量表（皮质醇）
- 如果你觉得缺乏性欲——使用缓解压力工具（皮质醇）
- 如果你觉得缺乏存在感——选择催产素和血清素

工具 5：慷慨助人

帮别人调制一杯"天使鸡尾酒"，也是一件十分有趣的事。首先，当我们对自己和自己的生活十分满意时，我们大多会更愿意帮助他人。其次，当我们给予他人帮助时，我们便会有机会获得他们的反馈，分享他们的情感。毫无疑问，这是一件双赢的事！

你有孩子吗？你是领导者吗？如果答案是肯定的，那就意味着你有很多可以帮助的对象。回顾一下"天使鸡尾酒"工具表，然后选择其中一种送给他人。你可以表扬他们、对他们施以援手，或者在他人面前认可他们，以此提升他们的社会地位。

慷慨助人的行为会给人带来一种奇妙的感觉，它会释放大量催产素加入你自己的"天使鸡尾酒"中。

工具 6：对你的朋友进行分类

乍一看到这个标题，很多人都会不由得笑出来，但他们慢慢就会发现这个方法其实很妙。这个标题的实际含义是：将你的朋友按照你所需的物质进行分类。学会这种方法后，你就会更好地了解，当你需要补充某种特定物质时，应该找谁倾诉。我已经和我的大多数好友交流过物质分类的话题，也问过他们和我聊天会触发哪一种物质。为了充实这个想法，让它更容易理解，我想和大家分享我自己对朋友的四种分类：

当我想要为我的生活增添轻松欢乐时，我会打电话给马库斯。我们聊完之后，我几乎总是满脑子都是内啡肽和血清素。我们聊到任何事情时几乎都可以肆意地大笑，这为我带来了内啡肽；而他又是个擅长振奋人心的人，他会让我对自己的社会地位产生一些正面认知，这一点又为我带来了血清素。

当我需要提醒自己活着的真正意义，以及真正去关心他人时，我会打电话给玛丽亚，她带给我的催产素比任何人都多。

当我觉得需要脚踏实地时，我会打电话给我的朋友克里斯特，他是一名巡林员。有时，我缺乏多巴胺的大脑会迷失方向，飞到云端之上，但只要和克里斯特聊上 15 分钟，他总有办法能让我回到地面。多和克里斯特沟通沟通，你会发现生活其实很简单。

当我需要放慢脚步时，我就会打电话给马格努斯。他非常专注于血清素，即使生活很忙碌，他也会从容不迫。他是一位顶级咖啡品鉴大师。我们的生活节奏截然相反，每次和他见面，我都会意识到我的多巴胺过于旺盛，在其驱使下，我飞得太高，也跑得太快了。

工具 7：关注焦点问题

我们关注的事物导致我们产生了各种情绪，而这些情绪又会影响我们的决策。反之，我们做出的决策也会影响我们的生活质量。因此，了解自己的关注点非常重要。我们人类通过陈述和提问来了解周围的世界。例如，我们可能会想："哦，某某一定忙得不可开交"，或者"我的车好脏啊"，或者"这有什么问题"，"我怎么了"。内心产生的疑问往往会比陈述对我们产生更强烈的情感冲击，因为问题的根源要更深一些。因此，我们应该首先解决这些问题。此外，改变提问的角度，随之而来的答案往往也会发生改变。

我把内心当中反复出现的这些问题称为"焦点问题"。如果你的焦点问题是积极的，它们就会为你的"天使鸡尾酒"添加各种积极的成分。例如，"我怎样才能更有存在感？"这个焦点问题可以增加你的催产素，而"我有什么优点？"这个焦点问题则有可能增加你的血清素。与此同时，"还有什么问题？"或"这个世界怎么了？"等消极的焦点问题带给你的则更可能是"魔鬼鸡尾酒"。由于我们大脑的首要任务是维持我们的生命，所以消极的焦点问题要比积极的焦点问题常见得多。我们可以通过更积极的方式重新表述我们的焦点问题，从而快速取得积极的效果。在我和我的团队开设的自我领导力课程中，我们从学员那里收集到了1000多个不同的焦点问题。下面，我想给大家介绍其中最常见的八个问题，并教大家如何将它们从消极提问转化为积极提问。

消极提问	积极提问
这有什么问题？	这能带来什么好处？
如果我不……会怎样？	我该如何从中吸取教训？
我怎么了？	我有什么优点？

（续表）

消极提问	积极提问
接下来会发生什么？	我该怎样做，才能更专注当下？
我可以与众不同吗？	我怎样才能激励他人？
这对我有什么害处？	这为我带来了什么挑战？
我怎样才能把事情做得更好？	我怎样才能享受我已经拥有的东西？
我对我的伴侣足够好吗？	我怎样才能成为最好的自己？

也许，你能从这些例子中找到自己的焦点问题。如果没有，那就自己发现你的焦点问题，利用它来倾听自己内心的声音。一旦你发现自己内心反复出现的问题是消极的，你就应该坐下来，想一想可以用哪个积极的问题来代替它，然后经常对自己重复那个积极的问题。坚持一段时间后，你的焦点问题最终就会改变，你心中的那杯鸡尾酒也会随之改变。以我自己为例，曾经，每当我进入一个新房间或见到一个陌生人时，我都会无法控制地问自己一个消极的焦点问题："这有什么问题？"这个问题后来成为我患抑郁症的帮凶，毕竟，每天数百次地问自己"这有什么问题？"不太可能产生任何积极情绪，也绝对不会调制出"天使鸡尾酒"。最终，我设法用"这会带来什么惊喜？"来代替这个问题。在我坚持重复几个月之后，收获的效果无疑令人惊叹。

如何在不同情境中得心应手？

欢迎光临天使鸡尾酒酒吧！你想喝点什么？你可能已经知道，"天使鸡尾酒"不止一种。现在，是时候穿上你的调酒师制服，捻起你的小胡子，尝试调制 12 种功能各异的实用型鸡尾酒了。

骑士精神
睾酮、催产素

通过回忆过去成功和胜利的经历，提升你的睾酮水平，增加自信。如果可能，再来点儿振奋人心的音乐让你感觉勇敢无敌，似乎成功近在眼前。摆出一副世界统治者的姿态，走起来、站起来、行动起来，就好像你拥有整个世界。再随性地添加一点儿催产素，比如，看一段能引发共情、令你感动的视频，这杯酒的效果会变得更好。

思维火花
多巴胺、睾酮

学习时，你需要保持高度集中的注意力，尽可能让自己记住所学内容，多巴胺正好可以帮助你做到这一点。想要激活多巴胺，你可以思考一下学习会给你带来什么积极成果，或者学习知识会给你带来多少乐趣。如果这还不起作用，你也可以尝试在学习之前运动一会儿。另外，还有一点很重要，你得把智能手机或平板电脑放在另一个房间里，以此减少你获取快多巴胺和皮质醇的机会。多巴胺在短时间内的刺激作用最为强大，所以你可以花40~60分钟学习，然后休息一下，充充电，再重新开始。为了增强学习时的自信心，你还可以在每次考试通过后为自己安排一个小小的庆祝仪式，以此刺激睾酮的释放。

流动的盛宴
内啡肽、睾酮、催产素

无论你准备参加哪一种类型的社交活动，你都可以从增加这三种亲社会物质中受益。首先，花30分钟左右，打开手机刷一些能引发笑声和内啡肽的东西，比如有趣的视频或图片等；在去参加社交活动的路上，你可以听一些节奏强烈、振奋人心的音乐来提高睾酮水平；到达目的地后，你可以选择与真正感兴趣的人交谈，促进催产素释放，同时，避开那些会对你的身份认知和血清素产生负面影响、让你感到自卑的人。

和谐的音符
催产素、血清素、多巴胺

当预感到冲突即将来临时，我们的压力水平就会上升，清晰思考的能力随之受到影响。为了避免这种情况，你可以尝试放松身体、平静呼吸、轻轻地抚摸自己，或是喝一杯热饮，以激活副交感神经系统，直接或间接地提高催产素水平。人在面对冲突时，常会表现一种"以牙还牙"的本能，即想方设法降低对方的血清素水平，让对方遭受和我们一样的痛苦。我们会贬低对方，贬低他们的社会地位，或者指出他们身上无关紧要的缺点或错误。不过，你最好避免这种行为，因为它只会进一步拉远你们之间的距离，让对方产生防备心理。我们应该把冲突当作一次成长的机会，因为它让我们更好地了解自己、了解我们想要共度一生的人的内心所想。为了做到这一点，你最好先为自己准备一剂多巴胺：想一想导致冲突发生的情感原因是什么，解决冲突是一件多么美好的事情，再想想冲突本身积极的一面，它可能会成为一个改善你与对方关系的好机会。

漫步缪斯花园
多巴胺、血清素

当我们想进行创造性工作时，血清素带来的好心情和多巴胺带来的动力组合起来会起到很好的效果。获取这些物质的最简单方法就是做运动和冲冷水浴。一个人想要创作，过程往往分为两个阶段。第一阶段是收集可用于创作的资料以激发灵感。对此，最好的办法是去新的地方，结识新的朋友，吸收新的知识。这三种活动都会刺激多巴胺分泌。在第二阶段，你需要坐下来，把你的新想法和新点子融入你的创作中。多巴胺在这一阶段还有另一个有趣的作用，即激发动力。如果你在开始创作时遇到困难，即使运动、冲冷水浴和接触新事物之后也无法突破瓶颈，那么，最好的办法往往是不再纠结惧怕，直接开始创作。你知道的，多巴胺往往会带来更多的多巴胺。一旦你的创造力得到激发，即使只是一点点，你的多巴胺也会开始自我滋养。

安眠之吻
催产素、皮质醇

在压力过大的情况下，你思绪万千，大脑被图像和情绪轰炸，辗转反侧，这时基本上是不可能入睡的。摆脱这种状态的最有效方法就是提高催产素水平，激活副交感神经系统。你可以在睡前进行十分钟的冥想，或者洗个热水澡，之后，躺在床上，平静地呼吸，争取每分钟呼吸六到八次或更少，试着体会身体开始放松的感觉。如果可以的话，不要转动眼球。这些方法保证管用。你还应尽量避免在睡前进行会诱发皮质醇的活动，比如坐在电脑前工作，或浏览会给你带来压力的资料。诚然，还有很多其他有用的睡眠技巧，但我提到的这些是最重要的。

晨曦微光
多巴胺、催产素

当你醒来时，皮质醇水平会自然升高，从而助你起床并提供工作一天所需的能量。不过，你还可以进一步放大这种效果，只需走出家门散步 20 分钟、让自己暴露在阳光下即可。你还可以将多巴胺与你当天计划的有趣之事或娱乐活动结合起来。如果你还没有类似的计划，那么你可以即时想一个。这个计划可以很简单，比如买今年的第一个冰激凌，去一家你以前没去过的咖啡馆，练习一些事情，或者给朋友打个电话。当你回到家，将多巴胺与催产素结合起来也是个好主意，你可以躺一分钟，回想一下昨天发生的、令你心存感激的事，可以是某人说过的一句话或做过的一件事，也可以是你自己的某些经历，从而提升催产素水平。

胜利颂歌
睾酮、血清素

太多的人不习惯庆祝，或者庆祝得不够。适当地为自己庆祝一下，久而久之，它就会变成你的习惯。在这里，我的第一个建议是，你应该提高生活中庆祝的频率，哪怕只是为一次微不足道的成功，比如完成一次散步，敢于走出自己的舒适区，清除心中的杂念，或者让别人露出微笑等；第二个建议是，努力为自己的成就而感到自豪。你可以挺直腰板，享受这一刻，并将注意力集中在你刚刚完成的事情及其为你带来的积极感受上，以此来激发这种自豪感。通过庆祝大大小小的成就，你的睾酮水平将上升，自信心也会增强；通过各种庆祝活动，你的血清素水平会上升，你的自尊心也会得到提高。

坠入爱河
催产素、血清素、多巴胺、皮质醇、内啡肽

预判爱情擦出火花的时刻并为之做好准备——听起来很荒谬吧！但实际上这是有可能的。首先，你可以通过与某人长时间的眼神交流来触发催产素，也可以问一些私人问题，积极倾听，同时与他/她分享自己的个人经历，或是与他/她进行肢体接触，一开始只是短暂地触碰，彼此之间建立信任之后，再进行更长时间的抚摸。给予赞美也是一个好方法，这会提升对方的社会地位感知，从而对他/她的血清素水平产生积极影响。如果你能让他/她笑起来，那就更好了，因为这将促使他/她释放内啡肽，让他/她感觉更放松，更愿意进行社交。你还可以主动给他/她施加一点小小的压力，适当地激发出他/她的兴奋状态，比如一起看恐怖片或坐过山车之类的。这样，他/她将更有可能与你建立联系，这是人们坠入爱河的常经过程。

人生的十字路口
多巴胺、皮质醇

一个人在什么时候最适合做出艰难的决定？这是一个棘手的

问题。一方面，如果你在多巴胺水平极高、觉得自己可以征服世界的时候做出可能会影响未来的决定，那么日后，当你考虑到你对自己和他人做出的不切实际的承诺时，你很可能会焦虑不安。另一方面，如果你在多巴胺水平较低的时候做出决定，你可能会过于悲观和谨慎，而无法抓住那些能真正改善你工作与生活的机会。因此，我建议你在多巴胺水平接近平均水平的时候做重要决定。这时，你的决定才能够反映出你的真实状态，你也才能更好地兑现承诺。另外，我还建议你避免在压力过大时做决定，因为在这种状态下做出的决定往往只专注于解决当下的痛苦，而忽略了长期后果。总结一下：理想情况下，你应该在多巴胺和皮质醇水平接近正常时做出重要决定。

挑战者
血清素、多巴胺、睾酮、催产素、内啡肽

当你面对一些相对困难的事情时，往往会感觉到很有挑战性，比如做演讲（如果你是个害羞的人），或者给别人做评价（如果你厌恶冲突的话），因为这需要很强的意志力和很多的精力。以下是我的应对秘诀：利用早晨血清素水平高的天然优势，把棘手的工作在午餐前处理完。这样做除了能缓解你的压力，还能让你在接下来的一天中都神清气爽。不要把注意力放在预设困难上，这样做会让自己的皮质醇水平上升，相反，你应想一想事情办成后的积极结果以提前获取多巴胺。有些时候，当你需要面对一些困难，你也可以尝试提高睾酮水平，这会降低你对冲动的控制，增强你的自信心。在这方面，你可以先听一些激昂和鼓舞人心的音乐，之后，想象当你获得理想结果时会是什么样子，如果它看起来合理可行，那么，你就可以调动自己的进取心来提高睾酮水平，以消除实现抱负的障碍。如果即将面临的困难让你压力重重，那么你可以试着通过放松、深呼吸来提高你的催产素水平。最后，如果条件成熟，你还可以借助微笑、大笑缓解压力，提高内啡肽。

其实，我在前文中极力推荐的冷水浴就是一项具有挑战性的活动。因为我知道它没有那么容易完成，所以我会鼓励学员们把冲冷水浴作为早晨要做的第一件事（增加血清素），并鼓励他们把注意力放在冲完冷水浴后的成就感上，而不是预设的痛苦上（增加多巴胺）。我让他们按照这样的步骤去做：在下水之前，挺直腰板，坚定信心，勇敢迎接挑战；下水后，平静地呼吸（增加催产素），心无旁骛坚持泡在水中时，发出大笑和微笑（增加内啡肽），这有助于身心放松。这些都完成后，一定要庆祝自己通过了挑战（增加血清素、睾酮）。

动力螺旋
多巴胺、睾酮

我们做事的动力可能是真实的，也可能是虚假的。让我们先来看看真正的动力。这种动力其实很容易产生，你只要先预想一下想要达到的结果，然后享受活动本身即可。如果你需要清理草坪里的落叶，但又不想动，你可以先想象一下清理后的草坪会变得多么漂亮，以及当你清理完落叶时，你会获得多少成就感。借此机会，你还应该享受这种体验本身，当你看到清扫完落叶后的草坪那么赏心悦目时，感受你情绪的变化。此外，应避免一边工作一边听播客，这会导致多巴胺堆积——这便是我说的"虚假的动力"，它会让你产生依赖性。多巴胺与睾酮结合在一起时，效果会变得格外强大。为此，你可以提前为提高多巴胺水平而做准备，具体做法是：把心思聚焦于即将取得的胜利上，听一些鼓舞人心、富有力量感的音乐，用睥睨万物的姿态站起来、走起来、行动起来；同样重要的是，将你走在草坪上的每一步都视为一场小小的胜利，并为之欢呼雀跃。

现在，让我们来看看如何把虚假的动力利用起来。关于情绪，有一点十分有趣，那就是你的大脑其实并不擅长分辨特定情绪的来源。这意味着，你可以先选一个角度来构建你的动机，但最后将其用于完全不同的目的。例如，你可以把清理落叶这类你不想做的事安排在一小段运动之后，因为做完运动后，你的多巴胺水平升高，你会更愿意做不喜欢的活动。同理，你应该尽力避免采取相反的策略：懒洋洋地待上两个小时后再出去清理落叶。即使是最自律的人也很难接受这种快慢多巴胺之间的落差，这很可能会让你迅速改变主意，立刻回到沙发上或回到社交媒体温暖的怀抱中。

第八章

痛苦的日子为何难以扭转

"请给我一杯'魔鬼鸡尾酒'!"——真的有人会点这种鸡尾酒吗?说来奇怪,还真有。不过,在大多数情况下,人们其实不知道自己喝下的是一杯"魔鬼鸡尾酒"。让我们来看看常喝"魔鬼鸡尾酒"的人最常见的六种状态。

形态 1:麻木型

第一种状态,指的是人们主观上没有意识到自己正在喝"魔鬼鸡尾酒"。这种人可能患有慢性炎症,或者已经在强烈的情感或身体疼痛中挣扎了很长时间,已经对痛苦与负面情绪变得麻木。即使他们从未意识到这一点,但随着时间的推移,炎症或疼痛造成的压力依然会使他们的情绪进一步恶化。

形态 2：无辜型

第二种状态是一种更无辜的情况。有些人不允许自己感受或表达积极情绪，他们或多或少处于忧郁状态中。许多陷入这种情况的人，其实只是从未被教过如何表达、体验或交流积极情绪。除此之外，还有可能是因为他们早年遭受过创伤。然而，这些人并不是无可救药，正如自我领导力这门课程一贯倡导的那样，他们仍然有可能被治愈，学会鼓起勇气去感受、表露和表达情绪。

形态 3：被动型

这类人在做选择时或多或少都会深思熟虑，但仍时常陷入被动的困境。这类人只为周末而活，把一周的工作看作是必须完成的苦差事。在一周的时间里，他们多多少少都处于情绪封闭的状态，因为他们要么不喜欢自己的工作，要么看不到工作的意义，也可能是因为工作场所或学校中有他们看不惯的人。他们在工作日经历的情绪封闭，以及"天使鸡尾酒"元素的匮乏，使周末似乎成了他们生活中唯一的绿洲。不幸的是，周一将不可避免地再次来到，他们的生活又陷入了悲惨的泥沼。之所以会出现这种情况，本质上就是因为他们的生活中缺少"天使鸡尾酒"的元素。

形态 4：活跃型

这种"魔鬼鸡尾酒"在我们的生活中很常见。它的主要成分是个人职业或生活中的波动所带来的长期压力。连续数月或数年的持续压力会影响一个人体内多巴胺、血清素、睾酮、孕酮和雌激素的自然平衡，进而影响他们的性欲和自信。

形态 5：黑暗型

这是最可怕的一种"魔鬼鸡尾酒"。有些人表现得像《哈利·波特》中的伏地魔一样，支配每种物质所提供的"黑暗"力量。例如，这些人通过贬低其他群体（黑暗催产素）来拉帮结派，他们利用各种操纵手段来提高自己的社会地位（黑暗血清素），或是将成功据为己有，如此，属于别人的睾酮也一并被夺走了。

形态 6：迷失型

这种类型的人相当常见。这些人往往扮演着"受害者"的角色，在情绪洪流中迷失自我，将自己与血清素（社会地位）及催产素（联结）产生的自我毁灭源头联系在一起。他们故意伤害自己，给自己制造麻烦，沉迷于利用痛苦来博取关注。除此之外，他们的同伴和朋友不得不对他们表示同情并试图帮助他们，这成为他们获得认可、体验亲密感（催产素）的一种方式。不幸的是，这是一个甜蜜的泥沼，如果没有外界的帮助，他们往往很难逃脱。

本章小结

在大多数人的生活中，"魔鬼鸡尾酒"和"天使鸡尾酒"都会同时存在。这些人的生活还算可以，但他们仍然有一些未实现的愿望，或者觉得自己能从生活中获得更多。

对于那些喝"魔鬼鸡尾酒"比"天使鸡尾酒"多得多的人来说，生活似乎笼罩在一片灰色的迷雾之中，但这层迷雾是悄然而至的，他们几乎无从察觉。随着时间的推移，这些人开始接受他们每天喝的"魔鬼鸡尾酒"，他们会感到越来越疲惫和空虚，这往往会导致反复的自我批评，进一步放大他们的负面情绪，直至陷入恶性循环。最终，他们会试图通过沉迷手机、游戏、甜食、零食、不健康的外卖食品、八卦新闻以及色情片等东西快速分泌各种多巴胺来填补这些情绪漏洞。与此同时，他们往往会减少社交，减少体育锻炼；更糟糕的是，这些人会开始感到绝望，对多巴胺刺激的狂热需求促使他们沾染上赌博、暴饮暴食、酗酒或者其他陋习。长期过量摄入"魔鬼鸡尾酒"会使人变得焦虑不安，甚至出现病理性的抑郁或焦虑症状，但这些人很可能不知道该如何改变自己的处境。

如果你恰好是那种长期摄入大量"魔鬼鸡尾酒"的人，那么这对你来说可是个坏消息。但我也有一个好消息要告诉你：无论你陷入上述哪一种情境中，你都可以选择从现在开始饮用"天使鸡尾酒"！无论你的情况如何，它都会对你有所帮助，而且随着时间的推移，你会发现自己变得越来越轻松。迷雾终将散去，当你再次拥抱生活时，困住你的泡沫也将很快破灭。要摆脱每天过量饮用"魔鬼鸡尾酒"的习惯，我的建议如下：

1. 使用压力量表，你可以在本书第四章中了解更多。
2. 使用本书第一章中的工具，减少快多巴胺的释放，用慢多巴胺取而代之。
3. 使用本书第二章中的工具。
4. 使用本书第三章中的工具，练习自尊自爱，减少自我批评。

除了这四个步骤，你还应该定期运动（哪怕只是短途步行）、每天冥想，再利用一些小窍门提高你的睡眠质量。

—
PART TWO

HIGH ON LIFE

第二部分

创造你的未来

欢迎来到本书的第二部分！坦白来讲，这一部分的内容非常简短。达·芬奇曾说过，简单是最高级别的复杂，所以你应该带着这样的心态来读第二部分。尽管这一部分很短，也很简单，但其中的内容对于想调制"天使鸡尾酒"的人来说非常重要，它能让你终身受益。

以音乐为例。对于音乐，你可以采取两种不同的态度。第一种，制作音乐，这是一种主动的行动；第二种，听音乐，这是一种被动的行动。

到目前为止，我们一直在学习如何制作音乐。例如，我们已经学习了如何通过大笑来释放内啡肽，通过庆祝小小的胜利来释放睾酮，通过拥抱来释放催产素，从而调配出适合我们自己的"天使鸡尾酒"。

而现在，是时候学习如何聆听音乐了。我们要开始训练我们的大脑产生内啡肽、睾酮和催产素，而不需要我们刻意去做任何事情。

现在，我邀请你与我一同体验。那是 7 月一个凉爽的傍晚，西边的太阳刚刚开始亲吻地平线。你面前的麦田沐浴在夕阳温暖的琥珀色光芒中，你能感觉到夏日的微风吹过麦田。你决定穿过麦田茂盛的植被，漫步到麦田的另一边。你很快就走到了。回望来时的路，却几乎看不到一丝经过的痕迹。这次散步如此惬意，你决定再走上一遍，又一遍……到夏天结束时，你可能已经走了至少 100 遍，每走过一遍，你经过的痕迹就变得清晰一分。现在，想象一下，出于某种原因，你决定穿过麦田 10 万次。这会留下一条什么样的路？它清晰而平坦，走起来不费什么力气，你也不会介意重新踏上它，因为你会觉得很习惯，它令你安心。这个比喻形象地描绘出了你的习惯性思维和行为形成的过程。每一个反复出现的想法、真相或行为都是一条道路，你已经沿着其中的一些道路走了成千上万次，因而对它们很熟悉了。对你来说，它们是安全、简单、省力的路线。

假设有一天，你对自己说："我已经厌倦了走这条路穿过麦田，它并不能带我到我想去的地方，我要开辟一条新路！"于是，你向左走了 50 步，开始踏上一条新路。这条路崎岖不平，行走艰难。麦穗不停地扑打你的脸，土块和石头将你绊倒。你抱怨："算了吧！我做的什么蠢事？我为什么要走这条路？原先那条路明明安全又干净！"但你已经下定决心，最终，改变还是到来了。原先那条路久未有人走，很快变得杂草丛生，一段时间后，新路便会成为更快、更简单的选择。当你沿着新路走了足够多次之后，那条旧路便几乎完全消失了。有时，回过头来读一读以前的日记，我们会想起那些曾经让我们惴惴不安、感觉难以克服的重大挑战，但现在，它们已经从我们的生活中完全消失。

我希望这个比喻能让你明白，只要你重复新的想法、认知和行为的次数足够多，你的所有想法、认知和行为都有可能被取代。举个例子，现在，你想养成经常微笑的习惯，因为真诚的微笑能给你带来多巴胺、血清素和内啡肽。当你下定决心开始练习，你的大脑就会开辟出新的道路。几个月后，也许是一年后的某一天，你会突然发现自己笑得更频繁、更自然了。恭喜你！你已从制作"音乐"进化到学会聆听"音乐"了。你可以为自己调制自己想要的"天使鸡尾酒"，甚至无须考虑触发任何东西。我刚才向你描述的这个过程，用科学术语来讲叫"神经可塑性"。

重塑你的大脑

很长一段时间以来，人们普遍认为人类的大脑是静态的、不可改变的，至今仍有一些人坚持认为自己生来就不具备跳舞、烹饪、辨别方向、幽默、演讲、领导他人、完成销售等能力。而现在，我们知道，这种看法根本就是在抑制一个人在相关领域的成长，是一种所谓的固定型思维模式。反观那些相信自己可以在某个领域有所进步和成长的人，实际上最后都真的做到了。这就是所谓的成长型思维模式。现在，我们不仅了解到大脑具有可塑性，还可以自己决定何时以及是否要改变。

我给你的第一个建议是：问问自己，你是否认为自己能够自由选择快乐、自豪、自爱和自信的心态。如果你认为自己是自由的，那么你就是自由的。但是，如果你认为自己无法享受这种自由，你应该想办法说服自己。也许你要走的路还很长，但终点并非遥不可及。以开放的心态继续读下去，与那些看起来好奇、开放、拥有成长心态的朋友积极讨论这个话题，从他们身上汲取灵感，以此改变自己的观念。人类其实很容易受到影响，在刻意引导下，我们几乎可以相信任何事情。因此，问题的重点就在于相信自己有能力改变自己的行为，相信自己能够获得幸福。

假设你感染了某种神秘的热带疾病，需要在专科医院隔离12周。你被带进一个空荡荡的白色房间，房间里有一扇小窗户，正对着一堵砖墙。你只能通过房间墙壁上的一个窗口领取食物。工作人员十分贴心，给你提供了一台电脑，以及一些娱乐项目。我想，这样的生活很孤独，但也不是不能忍受。有一天，当你看新闻时，你看到了一项科学研究，该研究表明，红头发的人容易产生极端的暴力倾向，这是因为最近的大气变化导致他们的基因结构发生了变化。文章告诫你不要与红头发的人进行眼神交流。此后，在接下来的12周里，你又读到了一系列关于红头发的人犯下暴力罪行的新闻报道。终于有一天，你痊愈了，可以出院了，回归到人群之中。在医院门口，你遇见一个红发男子，被吓得后退一步。这似乎是一个奇怪的例子，究竟谁会选择发布这样的谎言，并操纵新闻污蔑红头发的人？但如果你稍加思考，很快就会意识到，这正是现实中新闻媒体和社交媒体的主要运作方式。它们会在你无意识的情况下驯化你，让你相信一些你根本不会相信的事情。例如，媒体倾向于强调负面新闻而不是正面新闻，这会让我们对真实状况产生认知偏差。在这12周里，你的神经系统发生了变化，导致一看到红头发的人，你的大脑就会自动为你奉上一杯"魔鬼鸡尾酒"。

　　我举这个例子是想告诉你，无论你给大脑灌输了什么，只要你坚持足够长的时间，它最终都会成为刻在你骨子里的"真理"。如果在此之前你没有着意筛选大脑接收的信息，那就意味着你的信念已经被你的父母、朋友、所处的文化环境、传统媒体与社交媒体塑造好了。你的大脑在表意识和潜意识中不断被你选择交往的人所编辑，你每天选择输入大脑的东西在你的精神麦田里留下了痕迹，而这痕迹反过来又决定了你最终喝到的是"魔鬼鸡尾酒"

还是"天使鸡尾酒"。神经可塑性永不停歇,正是这个过程不断调整你的大脑,确保它在任何情况下都能发挥最佳功能。正是这个每天都在进行的过程塑造了现在的你。用专业术语来说,你经常重复的记忆和活动(神经连接和神经元)会得到强化,而你不经常重复的记忆和活动则会被削弱。这就意味着,你选择重复做什么事情,你的大脑就会随之发生相应的物理变化。换句话说,你可以通过选择给大脑提供正确的"食物",在自己体内创造出永不枯竭的"天使鸡尾酒"。

改变需要多长时间?

改变,很有可能已经在你的内心深处开始了。你在本书中学习到的技巧和想法可能已经激发你在"麦田"里踏出新的道路。改变可以是一种顿悟,它发生在齿轮完美咬合的那一瞬间;但这种顿悟也可能稍纵即逝,而且不可预测,也很难按需生产。因此,对我们来说,最稳妥的办法是依靠效率虽低但可以预测的重复机制。对神经可塑性的研究发现,仅仅 4 周之后,大脑就会出现明显的变化,而且随着时间的推移,这种变化会越来越显著。尽管对这一特殊现象的大多数研究都没有超过 12 周,但依旧有少数几项时间较长的研究清楚地表明,这种变化在 12 周后仍在持续。不过，根据这些科学研究以及我在自我领导力课程中培训数千人的经验来看，这个过程有一个明显的质变转折点，将在 8 周左右出现。8 周后，你的大脑会开始自动进行练习，不需要你刻意触发。换句话说，经过 8 周的努力，你就可以开始聆听自己创作的音乐了。就我自己而言，我用了 4~40 周的时间才使各种工具内化于心。我认为，没有人能完全确定你需要多长时间才能真正矫正某些行为或惯性思维，它因人而异，取决于多种因素，包括遗传学、表观遗传学、拥有成长型思维模式还是固定型思维模式、重复练习的频率、重复练习的时间，以及每个人的具体生活状况等。但毫无疑问的是，重新规划自己是一定可以实现的。不管你是花 2 个月、8 个月还是 12 个月的时间来掌握所有的工具，这都没有多大区别。花多长时间并不重要，重要的是，你要下定决心，从现在开始，主动选择投入训练，以你认为理想的方式去感受和成为你想要成为的人。我摆脱抑郁状态已经快 6 年了，迄今为止，每天早上醒来，看看床边的愿景板，选择一种当天要努力实践的模式，然后不断重复这种模式，已然成了我的人生旅途中最令人兴奋的一部分。一年又一年过去，我觉得自己一直都在进步。有时，我也会怀疑，这种好转的势头能否一直持续。当然，就像任何人一样，我也有过糟糕的日子，但现在我知道如何打破这种模式，因此，我比以往任何时候都更享受当下的生活。

第九章

迎接新生活

你、我，以及这个世界上的所有人，都必须面对这样一个事实：我们生活的世界对我们来说太复杂了。我们每天被新闻报道冲击，我们面临无数的选择，我们处于极端分化的社会结构中……我们缺乏与大自然的接触，缺乏锻炼，对行为举止过度矫饰，快餐与糖诱惑我们上瘾；这一代的孩子们被揠苗助长，比此前的任何一代人都更依赖刺激。所有这些现象无时无刻不给我们带来心理上的挑战。

甚至可以说，生活在现今的世界，比生活在2.5万年前邓肯和格蕾丝所在的世界更为艰难——尽管我必须承认，医疗保健、科技发展以及周全的法律确实是一种相当大的进步！

然而，我们仍然抱着这样的幻想生活：我们居住的世界是最简单、最美好的世界。但是，如果继续受到广告、信息、新闻和媒体的影响，我们几乎不可避免地会陷入长期的绝望之中。我们所创造的社会和文化，本质上都是一种非自然的环境。这意味着，你必须更加谨慎地塑造自己的人生。你是想让别人把加工好的信息灌输给你、过上消极怠惰的生活,还是更愿意由自己决定现在该怎么做、将来要成为什么样的人?你想成为更好的人吗?你想更快乐吗?如果你想,这本书就是我向你发起的挑战——我想让你做出积极的选择,成为掌控自己人生的主人;我想教你如何规划自己、如何思考、如何选择与哪些人交往、读哪些书、回避哪些新闻、吃哪些食物。当我从抑郁中解脱出来时,我意识到,抑郁在很大程度上是由于我们不加思考、于社会制定好的框架中简单放任自流。我坚持运动,我也吃得营养均衡,但我仍然在压力中挣扎,这是因为我接受了社会的规训。这个社会不断地告诉我:成功意味着努力工作、努力奋斗、发财致富、功成名就。这简直是胡说八道。事实上,真正的成功就是成为最好的自己,这意味着,夺回对自己思维和行动的控制权,并走上那条能让你感到幸福的路。当你达到这种境界,你会发现没有什么是你无法实现的。最后,用一句话来总结:

幸福没有捷径。幸福蕴藏在生活的每一个细节之中。

致谢

如果没有我的妻子玛丽亚·菲利普斯，这位自我领导力方面的大师，这本书永远不会问世。我还要感谢我聪明可爱的孩子们，安东尼、特里斯坦和莉安娜，感谢我们每天进行的激动人心的对话，感谢你们对这些主题提出的所有想法。感谢成千上万的学员报名参加了我的自我领导力课程，并与我分享了他们的反馈意见。还要感谢戴维·克莱梅茨，感谢他与我的宝贵合作。我还要感谢出色的出版商亚当·达林，感谢他一路上对我的鼓励。感谢作为国际代理人的伊迪丝和玛丽亚把这本书带到你们面前。最后，我要感谢我自己，感谢我学会了将自我领导力贯穿在生活之中。这是一生中我做过的最好的决定。

参考文献

第一章　多巴胺——驱动力和愉悦的源泉

Francesco Fornai et al., 'Intermittent dopaminergic stimulation causes behavioral sensitization in the addicted brain and parkinsonism', *International Review of Neurobiology*, 88 (2009), 371–98 https://pubmed.ncbi.nlm.nih.gov/19897084/

Gordon G. Gallup, Jr, Rebecca L. Burch, Steven M. Platek, 'Does semen have antidepressant properties?', *Archives of Sexual Behavior*, 31:3 (2002), 289–93 https://pubmed.ncbi.nlm.nih.gov/12049024/

Ignacio González-Burgos and Alfredo Feria-Velasco, 'Serotonin/dopamine interaction in memory formation', *Progress in Brain Research*, 172 (2008), 603–23 https://pubmed.ncbi.nlm.nih.gov/18772052/

David Greene and Mark R. Lepper, 'Effects of extrinsic rewards on children's subsequent intrinsic interest', *Child Development*, 45:4 (1974), 1141–5

Yang Li, Afton L. Hassett and Julia S. Seng, 'Exploring the mutual regulation between oxytocin and cortisol as a marker of resilience', *Archives of Psychiatric Nursing*, 33:2 (2019), 164–73 https://pubmed.ncbi.nlm.nih.gov/30927986/

Andrea L. Meltzer, Anastasia Makhanova and Lindsey L. Hicks, 'Quantifying the sexual afterglow: the lingering benefits of sex and their implications for pair-bonded relationships', *Psychological Science*, 28:5 (2017), 587–98 https://pubmed.ncbi.nlm.nih.gov/28485699/

Ed O'Brien and Robert W. Smith, 'Unconventional consumption methods and enjoying things consumed: recapturing the "first-time" experience', *Personality and Social Psychology Bulletin*, 45:1 (2019), 67–80 https://pubmed.ncbi.nlm.nih.gov/29911504/

P. Srámek *et al.*, 'Human physiological responses to immersion into water of different temperatures', *European Journal of Applied Physiology*, 81:5 (2000), 436–42 https://pubmed.ncbi.nlm.nih.gov/10751106/

Devin Blair Terhune, Jake G. Sullivan and Jaana M. Simola, 'Time dilates after spontaneous blinking', *Current Biology*, 26:11 (2016), 459–60 https://pubmed.ncbi.nlm.nih.gov/27269720/

Sharmili Edwin Thanarajah *et al.*, 'Food intake recruits orosensory and post-ingestive dopaminergic circuits to affect eating desire in humans', *Cell Metabolism*, 29:3 (2019), 695–706 https://pubmed.ncbi.nlm.nih.gov/30595479/

第二章　催产素——人际关系与人性的调节剂

Elissar Andari *et al.*, 'Promoting social behavior with oxytocin in high-functioning autism spectrum disorders', *Proceedings of the National Academy of Sciences*, 107:9 (2010), 4389–94 https://pubmed.ncbi.nlm.nih.gov/20160081/

B. Auyeung *et al.*, 'Oxytocin increases eye contact during a real-time, naturalistic social interaction in males with and without autism', *Translational Psychiatry*, 5:2 (2015) https://pubmed.ncbi.nlm.nih.gov/25668435/

Jorge A. Barraza and Paul J. Zak, 'Empathy toward strangers triggers oxytocin release and subsequent generosity', *Annals of the New York Academy of Sciences*, 1167 (2009), 182–9 https://pubmed.ncbi.nlm.nih.gov/19580564/

Navjot Bhullar, Glenn Surman and Nicola S. Schutte, 'Dispositional gratitude mediates the relationship between a past-positive temporal frame and well-being', *Personality and Individual Differences*, 76 (2015), 52–5 https://www.sciencedirect.com/science/article/abs/pii/S0191886914006576

Guilherme Brockington *et al.*, 'Storytelling increases oxytocin and positive emotions and decreases cortisol and pain in hospitalized children', *Proceedings of the National Academy of Sciences*, 118:22 (2021) https://pubmed.ncbi.nlm.nih.gov/34031240/

Claudia Camerino *et al.*, 'Evaluation of short and long term cold stress challenge of nerve grow factor, brain-derived neurotrophic factor, osteocalcin and oxytocin mRNA expression in BAT, brain, bone and reproductive tissue of male mice using real-time PCR and linear correlation analysis', *Frontiers in Physiology*, 8 (2018), 1101 https://pubmed.ncbi.nlm.nih.gov/29375393/

Tiany W. Chhuom and Hilaire J. Thompson, 'Older spousal dyads and the experience of recovery in the year after traumatic brain injury', *Journal of Neuroscience Nursing*, 53:2 (2021), 57–62 https://pubmed.ncbi.nlm.nih.gov/33538455/

Elizabeth R. Cluett *et al.*, 'Randomised controlled trial of labouring in water compared with standard of augmentation for management of dystocia in first stage of labour', *British*

Medical Journal, 328:7435 (2004), 314 https://pubmed.ncbi.nlm.nih.gov/14744822/

Sheldon Cohen *et al.*, 'Does hugging provide stress-buffering social support? A study of susceptibility to upper respiratory infection and illness', *Psychological Science*, 26:2 (2015), 135–47 https://pubmed.ncbi.nlm.nih.gov/25526910/

Courtney E. Detillion *et al.*, 'Social facilitation of wound healing', *Psychoneuroendocrinology*, 29:8 (2004), 1004–11 https://pubmed.ncbi.nlm.nih.gov/15219651/

Burel R. Goodin, Timothy J. Ness and Meredith T. Robbins, 'Oxytocin – a multifunctional analgesic for chronic deep tissue pain', *Current Pharmaceutical Design*, 21:7 (2015), 906–13 https://pubmed.ncbi.nlm.nih.gov/25345612/

Christina Grape *et al.*, 'Does singing promote well-being? An empirical study of professional and amateur singers during a singing lesson', *Integrative Physiological and Behavioral Science*, 38:1 (2003), 65–74 https://pubmed.ncbi.nlm.nih.gov/12814197/

Rafael T. Han *et al.*, 'Long-term isolation elicits depression and anxiety-related behaviors by reducing oxytocin-induced GABAergic transmission in central amygdala', *Frontiers in Molecular Neuroscience*, 11 (2018), 246 https://pubmed.ncbi.nlm.nih.gov/30158853/

Jonne O. Hietanen, Mikko J. Peltola and Jari K. Hietanen, 'Psychophysiological responses to eye contact in a live interaction and in video call', *Psychophysiology*, 57:6 (2020) https://pubmed.ncbi.nlm.nih.gov/32320067/

Julianne Holt-Lunstad, Wendy A. Birmingham and Kathleen C. Light, 'Influence of a "warm touch" support enhancement intervention among married couples on ambulatory blood pressure, oxytocin, alpha amylase, and cortisol', *Psychosomatic Medicine*, 70:9 (2008), 976–85 https://pubmed.ncbi.nlm.nih.gov/18842740/

René Hurlemann *et al.*, 'Oxytocin enhances amygdala-dependent, socially reinforced learning and emotional empathy in humans', *Journal of Neuroscience*, 30:14 (2010), 4999–5007 https://pubmed.ncbi.nlm.nih.gov/20371820/

Christian Krekel, George Ward and Jan-Emmanuel De Neve, 'Employee wellbeing, productivity, and firm performance', Saïd Business School WP 2019–04 (2019) https://papers.ssrn.com/sol3/papers.cfm?abstract_id=3356581

Jyothika Kumar, Birgit Völlm and Lena Palaniyappan, 'Oxytocin affects the connectivity of the precuneus and the amygdala: a randomized, double-blinded, placebo-controlled neuroimaging trial', *International Journal of Neuropsychopharmacology*, 18:5 (2015) https://pubmed.ncbi.nlm.nih.gov/25522395/

Jyothika Kumar *et al.*, 'Oxytocin modulates the effective connectivity between the precuneus and the dorsolateral prefrontal cortex', *European Archives of Psychiatry and Clinical Neuroscience*, 270:5 (2020), 567–76 https://pubmed.ncbi.nlm.nih.gov/30734090/

G. Lindseth, B. Helland and J. Caspers, 'The effects of dietary tryptophan on affective disorders', *Archives of Psychiatric Nursing*, 29:2 (2015), 102–7 https://pubmed.ncbi.nlm.nih.gov/25858202/

Jinting Liu *et al.*, 'The association between well-being and the COMT gene: dispositional gratitude and forgiveness as mediators', *Journal of Affective Disorders*, 214 (2017), 115–121 https://pubmed.ncbi.nlm.nih.gov/28288405/

R. McCraty et al., 'The impact of a new emotional self-management program on stress, emotions, heart rate variability, DHEA and cortisol', *Integrative Physiological and Behavioral Science*, 33:2 (1998), 151–70 https://pubmed.ncbi.nlm.nih.gov/9737736/

Andrea L. Meltzer et al., 'Quantifying the sexual afterglow: the lingering benefits of sex and their implications for pair-bonded relationships', *Psychological Science*, 28:5 (2017), 587–98 https://pubmed.ncbi.nlm.nih.gov/28485699/

Rachel A. Millstein et al., 'The effects of optimism and gratitude on adherence, functioning and mental health following an acute coronary syndrome', *General Hospital Psychiatry*, 43 (2016), 17–22 https://pubmed.ncbi.nlm.nih.gov/27796252/

Kerstin Uvnäs Moberg and Maria Petersson, '[Oxytocin, a mediator of anti-stress, well-being, social interaction, growth and healing]', *Zeitschrift fur Psychosomatische Medizin und Psychotherapie*, 51:1 (2005), 57–80 https://pubmed.ncbi.nlm.nih.gov/15834840/

Kerstin Uvnäs Moberg, Linda Handlin and Maria Petersson, 'Self-soothing behaviors with particular reference to oxytocin release induced by non-noxious sensory stimulation', *Frontiers in Psychology*, 5 (2015), 1529 https://pubmed.ncbi.nlm.nih.gov/25628581/

Vera Morhenn, Laura E. Beavin and Paul J. Zak, 'Massage increases oxytocin and reduces adrenocorticotropin hormone in humans', *Alternative Therapies in Health and Medicine*, 18:6 (2012), 11–18 https://pubmed.ncbi.nlm.nih.gov/23251939/

Miho Nagasawa *et al.*, 'Oxytocin-gaze positive loop and the coevolution of human–dog bonds', *Science*, 348 (2015), 333–6 https://pubmed.ncbi.nlm.nih.gov/25883356/

Ulrica Nilsson, 'Soothing music can increase oxytocin levels during bed rest after open-heart surgery: a randomised control trial', *Journal of Clinical Nursing*, 17:15 (2009), 2153–61 https://pubmed.ncbi.nlm.nih.gov/19583647/

Miranda Olff *et al.*, 'The role of oxytocin in social bonding, stress regulation and mental health: an update on the moderating effects of context and interindividual differences', *Psychoneuroendocrinology*, 38:9 (2013), 1883–94 https://pubmed.ncbi.nlm.nih.gov/23856187/

Yuuki Ooishi *et al.*, 'Increase in salivary oxytocin and decrease in salivary cortisol after listening to relaxing slow-tempo and exciting fast-tempo music', *PLOS One*, 12:12 (2017) https://pubmed.ncbi.nlm.nih.gov/29211795/

Else Ouweneel, Pascale M. Le Blanc and Wilmar B. Schaufeli, 'On being grateful and kind: results of two randomized controlled trials on study-related emotions and academic engagement', *Journal of Psychology*, 148:1 (2014), 37–60 https://pubmed.ncbi.nlm.nih.gov/24617270/

Narun Pornpattananangkul *et al.*, 'Generous to whom? The influence of oxytocin on social discounting', *Psychoneuroendocrinology*, 79 (2017), 93–7 https://pubmed.ncbi.nlm.nih.gov/28273587/

Michael J. Poulin and E. Alison Holman, 'Helping hands, healthy body? Oxytocin receptor gene and prosocial behavior interact to buffer the association between stress and physical health', *Hormones and Behavior*, 63:3 (2013), 510–17 https://pubmed.ncbi.nlm.nih.gov/23354128/

L. Pruimboom and D. Reheis, 'Intermittent drinking, oxytocin and human health', *Medical Hypotheses*, 92 (2016), 80–83 https://pubmed.ncbi.nlm.nih.gov/27241263/

Feng Sheng et al., 'Oxytocin modulates the racial bias in neural responses to others' suffering', *Biological Psychology*, 92:2 (2013), 380–86 https://pubmed.ncbi.nlm.nih.gov/23246533/

Jennie R. Stevenson et al., 'Oxytocin administration prevents cellular aging caused by social isolation', *Psychoneuroendocrinology*, 103 (2019), 52–60 https://pubmed.ncbi.nlm.nih.gov/30640038/

Virginia E. Sturm et al., 'Big Smile, Small Self: awe walks promote prosocial positive emotions in older adults', *Emotion*, 22:5 (2022), 1044–58 https://pubmed.ncbi.nlm.nih.gov/32955293/

Patty van Cappellen et al., 'Effects of oxytocin administration on spirituality and emotional responses to meditation', *Social Cognitive and Affective Neuroscience*, 11:10 (2016), 1579–87 https://pubmed.ncbi.nlm.nih.gov/27317929/

Michiel van Elk et al., 'The neural correlates of the awe experience: reduced default mode network activity during feelings of awe', *Human Brain Mapping*, 40:12 (2019), 3561–74 https://pubmed.ncbi.nlm.nih.gov/31062899/

Amanda Venta et al., 'Paradoxical effects of intranasal oxytocin on trust in inpatient and community adolescents', *Journal of Clinical Child and Adolescent Psychology*, 48:5 (2019), 706–15 https://pubmed.ncbi.nlm.nih.gov/29236527/

Hasse Walum et al., 'Variation in the oxytocin receptor gene is associated with pair-bonding and social behavior', *Biological Psychiatry*, 71:5 (2012), 419–26 https://pubmed.ncbi.nlm.nih.gov/22015110/

Y. Joel Wong et al., 'Does gratitude writing improve the mental health of psychotherapy clients? Evidence from a randomized controlled trial', *Psychotherapy Research*, 28:2 (2018), 192–202 https://pubmed.ncbi.nlm.nih.gov/27139595/

Paul J. Zak et al., 'Oxytocin release increases with age and is associated with life satisfaction and prosocial behaviors', *Frontiers in Behavioral Neuroscience*, 16 (2022) https://pubmed.ncbi.nlm.nih.gov/35530727/

Paul J. Zak, 'Why inspiring stories make us react: the neuroscience of narrative', *Cerebrum* (2 February 2015) https://pubmed.ncbi.nlm.nih.gov/26034526/

第三章　血清素——创造满足感与好心情

Jon Cooper, 'Stress and Depression', WebMD website (2021) https://www.webmd.com/depression/features/stress-depression

D. H. Edwards and E. A. Kravitz, 'Serotonin, social status and aggression', *Current Opinion in Neurobiology*, 7:6 (1997), 812–19 https://pubmed.ncbi.nlm.nih.gov/9464985/

Amy Fiske, Julie Loebach Wetherell and Margaret Gatz, 'Depression in older adults', *Annual Review of Clinical Psychology*, 5 (2009), 363–89 https://pubmed.ncbi.nlm.nih.gov/19327033/

Lara C. Foland-Ross et al., 'Recalling happier memories in remitted depression: a neuroimaging investigation of the repair of sad mood', *Cognitive, Affective and Behavioral Neuroscience*, 14:2 (2014), 818–826 https://www.ncbi.nlm.nih.gov/pmc/articles/PMC3995858/

Fae Diana Ford, 'Exploring the impact of negative and positive self-talk in relation to loneliness and self-esteem in secondary school-aged adolescents' (dissertation, University of Bolton, 2015) https://e-space.mmu.ac.uk/id/eprint/583488

Knut A. Hestad et al., 'The relationships among tryptophan, kynurenine, indoleamine 2,3-dioxygenase, depression, and neuropsychological performance', *Frontiers in Psychology*, 8 (2017), 1561 https://pubmed.ncbi.nlm.nih.gov/29046648/

Huberman Lab Podcast 34, 'Understanding and Conquering Depression', 2021 https://hubermanlab.com/understanding-and-conquering-depression/

Wayne J. Korzan and Cliff H. Summers, 'Evolution of stress responses refine mechanisms of social rank', *Neurobiology of Stress*, 14 (2021) https://pubmed.ncbi.nlm.nih.gov/33997153/

Brian E. Leonard, 'The concept of depression as a dysfunction of the immune system', *Current Immunology Reviews*, 6:3 (2010), 205–12 https://pubmed.ncbi.nlm.nih.gov/21170282/

Karen-Anne McVey Neufeld et al., 'Oral selective serotonin reuptake inhibitors activate vagus nerve dependent gut–brain signalling', *Scientific Reports*, 9:1 (2019) https://pubmed.ncbi.nlm.nih.gov/31582799/

M. Maes et al., 'The new "5-HT" hypothesis of depression: cell-mediated immune activation induces indoleamine 2,3-dioxygenase, which leads to lower plasma tryptophan and an increased synthesis of detrimental tryptophan catabolites (TRYCATs), both of which contribute to the onset of depression', *Progress in Neuro-Psychopharmacology and Biological Psychiatry*, 35:3 (2011), 702–21 https://pubmed.ncbi.nlm.nih.gov/21185346/

Saruja Nanthakumaran *et al.*, 'The gut–brain axis and its role in depression', *Cureus*, 12:9 (2020) https://pubmed.ncbi.nlm.nih.gov/33042715/

Rhonda P. Patrick and Bruce N. Ames, 'Vitamin D and the omega-3 fatty acids control serotonin synthesis and action, part 2: relevance for ADHD, bipolar disorder, schizophrenia, and impulsive behavior', *FASEB Journal*, 29:6 (2015), 2207–22 https://pubmed.ncbi.nlm.nih.gov/25713056/

A. R. Peirson and J. W. Heuchert, 'Correlations for serotonin levels and measures of mood in a nonclinical sample', *Psychological Reports*, 87:3 Pt 1 (2000), 707–16 https://pubmed.ncbi.nlm.nih.gov/11191371/

Sue Penckofer *et al.*, 'Vitamin D and depression: where is all the sunshine?' *Issues in Mental Health Nursing*, 31:6 (2010), 385–93 https://pubmed.ncbi.nlm.nih.gov/20450340/

M. J. Raleigh *et al.*, 'Serotonergic influences on the social behavior of vervet monkeys (*Cercopithecus aethiops sabaeus*)', *Experimental Neurology*, 68:2 (1980), 322–34 https://pubmed.ncbi.nlm.nih.gov/6444893/

M. J. Raleigh *et al.*, 'Serotonergic mechanisms promote dominance acquisition in adult male vervet monkeys', *Brain Research*, 559:2 (1991), 181–90 https://pubmed.ncbi.nlm.nih.gov/1794096/

Randy A. Sansone and Lori A. Sansone, 'Sunshine, serotonin, and skin: a partial explanation for seasonal patterns in psychopathology?' *Innovations in Clinical Neuroscience*, 10:7–8 (2013), 20–24 https://pubmed.ncbi.nlm.nih.gov/24062970/

Robert Sapolsky, *Why Zebras Don't Get Ulcers* (third edition, Holt, 2004)

B. Spring, 'Recent research on the behavioral effects of tryptophan and carbohydrate', *Nutrition and Health*, 3:1–2 (1984), 55–67 https://pubmed.ncbi.nlm.nih.gov/6400041/

Martin Stoffel *et al.*, 'Effects of mindfulness-based stress prevention on serotonin transporter gene methylation', *Psychotherapy and Psychosomatics*, 88:5 (2019), 317–19 https://pubmed.ncbi.nlm.nih.gov/31461722/

David Tod, James Hardy and Emily Oliver, 'Effects of self-talk: a systematic review', *Journal of Sport and Exercise Psychology*, 33:5 (2011), 666–87 https://pubmed.ncbi.nlm.nih.gov/21984641/

A. E. Tyrer *et al.*, 'Serotonin transporter binding is reduced in seasonal affective disorder following light therapy', *Acta Psychiatrica Scandinavica*, 134:5 (2016), 410–19 https://pubmed.ncbi.nlm.nih.gov/27553523/

Nora D. Volkow *et al.*, 'Evidence that sleep deprivation downregulates dopamine D2R in ventral striatum in the human brain', *Journal of Neuroscience*, 32:19 (2012), 6711–17 https://pubmed.ncbi.nlm.nih.gov/22573693/

Nadja Walter, Lucie Nikoleizig and Dorothee Alfermann, 'Effects of self-talk training on competitive anxiety, self-efficacy, volitional skills, and performance: an intervention study with junior sub-elite athletes', *Sports*, 7:6 (2019), 148 https://pubmed.ncbi.nlm.nih.gov/31248129/

Emma Williams *et al.*, 'Associations between whole-blood serotonin and subjective mood in healthy male volunteers', *Biological Psychology*, 71:2 (2006), 171–4 https://pubmed.ncbi.nlm.nih.gov/15927346/

Anna Ziomkiewicz-Wichary, 'Serotonin and Dominance', in *Encyclopedia of Evolutionary Psychological Science* (2016), 1–4 https://www.researchgate.net/publication/310586509_Serotonin_and_Dominance

第四章　皮质醇——压力面前，保持专注、兴奋还是恐慌？

Michael A. P. Bloomfield *et al.*, 'The effects of psychosocial stress on dopaminergic function and the acute stress response', *eLife*, 8 (2019) https://pubmed.ncbi.nlm.nih.gov/31711569/

Alison Wood Brooks, 'Get excited: reappraising pre-performance anxiety as excitement', *Journal of Experimental Psychology: General*, 143:3 (2014), 1144–58 https://pubmed.ncbi.nlm.nih.gov/24364682/

Mansoor D. Burhani and Mark M. Rasenick, 'Fish oil and depression: the skinny on fats', *Journal of Integrative Neuroscience*, 16:s1 (2017), S115–S124 https://pubmed.ncbi.nlm.nih.gov/29254106/

Philip C. Calder, 'Omega-3 fatty acids and inflammatory processes', *Nutrients*, 2:3 (2010), 355–74 https://pubmed.ncbi.nlm.nih.gov/22254027/

Philip C. Calder, 'Omega-3 fatty acids and inflammatory processes: from molecules to man', *Biochemical Society Transactions*, 45:5 (2017), 1105–15 https://pubmed.ncbi.nlm.nih.gov/28900017/

Marlena Colasanto, Sheri Madigan and Daphne J. Korczak, 'Depression and inflammation among children and adolescents: a meta-analysis', *Journal of Affective Disorders*, 277 (2020), 940–48 https://pubmed.ncbi.nlm.nih.gov/33065836/

V. Drapeau *et al.*, 'Is visceral obesity a physiological adaptation to stress?', *Panminerva Medica*, 45:3 (2003), 189–95 https://pubmed.ncbi.nlm.nih.gov/14618117/

Barnaby D. Dunn *et al.*, 'The consequences of effortful emotion regulation when processing distressing material: a comparison of suppression and acceptance', *Behaviour Research and Therapy*, 47:9 (2009), 761–73 https://pubmed.ncbi.nlm.nih.gov/19559401/

Benjamin N. Greenwood *et al.*, 'Exercise-induced stress resistance is independent of exercise controllability and the medial prefrontal cortex', *European Journal of Neuroscience*, 37:3 (2013), 469–78 https://pubmed.ncbi.nlm.nih.gov/23121339/

Jeremy P. Jamieson *et al.*, 'Turning the knots in your stomach into bows: reappraising arousal improves performance on the GRE', *Journal of Experimental Social Psychology*, 46:1 (2010), 208–12 https://pubmed.ncbi.nlm.nih.gov/20161454/

Ravinder Jerath *et al.*, 'Self-regulation of breathing as a primary treatment for anxiety', *Applied Psychophysiology and Biofeedback*, 40:2 (2015), 107–15 https://pubmed.ncbi.nlm.nih.gov/25869930/

Chieh-Hsin Lee and Fabrizio Giuliani, 'The role of inflammation in depression and fatigue', *Frontiers in Immunology*, 10 (2019), 1696 https://pubmed.ncbi.nlm.nih.gov/31379879/

Jia-Yi Li *et al.*, 'Voluntary and involuntary running in the rat show different patterns of theta rhythm, physical activity, and heart rate', *Journal of Neurophysiology*, 111:10 (2014), 2061–70 https://pubmed.ncbi.nlm.nih.gov/24623507/

Xiao Ma *et al.*, 'The effect of diaphragmatic breathing on attention, negative affect and stress in healthy adults',

Frontiers in Psychology, 8 (2017), 874 https://pubmed.ncbi.nlm.nih.gov/28626434/

Robyn J. McQuaid *et al.*, 'Relations between plasma oxytocin and cortisol: the stress buffering role of social support', *Neurobiology of Stress*, 3 (2016), 52–60 https://pubmed.ncbi.nlm.nih.gov/27981177/

Emanuele Felice Osimo *et al.*, 'Prevalence of low-grade inflammation in depression: a systematic review and meta-analysis of CRP levels', *Psychological Medicine*, 49:12 (2019), 1958–70 https://pubmed.ncbi.nlm.nih.gov/31258105/

Jan-Marino Ramirez, 'The integrative role of the sigh in psychology, physiology, pathology, and neurobiology', *Progress in Brain Research*, 209 (2014), 91–129 https://pubmed.ncbi.nlm.nih.gov/24746045/

Marc A. Russo, Danielle M. Santarelli and Dean O'Rourke, 'The physiological effects of slow breathing in the healthy human', *Breathe* (Sheff), 13:4 (2017), 298–309 https://pubmed.ncbi.nlm.nih.gov/29209423/

Jisun So *et al.*, 'EPA and DHA differentially modulate monocyte inflammatory response in subjects with chronic inflammation in part via plasma specialized pro-resolving lipid mediators: a randomized, double-blind, crossover study', *Atherosclerosis*, 316 (2021), 90–98 https://pubmed.ncbi.nlm.nih.gov/33303222/

Martina Svensson *et al.*, 'Forced treadmill exercise can induce stress and increase neuronal damage in a mouse model of global cerebral ischemia', *Neurobiology of Stress*, 5 (2016), 8–18 https://pubmed.ncbi.nlm.nih.gov/27981192/

Zhuxi Yao *et al.*, 'Higher chronic stress is associated with a decrease in temporal sensitivity but not in subjective duration in healthy young men', *Frontiers in Psychology*, 6 (2015), 1010 https://pubmed.ncbi.nlm.nih.gov/26257674/

Kaeli W. Yuen *et al.*, 'Plasma oxytocin concentrations are lower in depressed vs. healthy control women and are independent of cortisol', *Journal of Psychiatric Research*, 51 (2014), 30–36 https://pubmed.ncbi.nlm.nih.gov/24405552/

Andrea Zaccaro *et al.*, 'How breath-control can change your life: a systematic review on psycho-physiological correlates of slow breathing', *Frontiers in Human Neuroscience*, 12 (2018), 353 https://pubmed.ncbi.nlm.nih.gov/30245619/

Jing Zhang *et al.*, 'Voluntary wheel running reverses deficits in social behavior induced by chronic social defeat stress in mice: involvement of the dopamine system', *Frontiers in Neuroscience*, 13 (2019), 256 https://pubmed.ncbi.nlm.nih.gov/31019446/

第五章　内啡肽——让兴奋和刺激点缀生活

Ernest L. Abel and Michael L. Kruger, 'Smile intensity in photographs predicts longevity', *Psychological Science*, 21:4 (2010), 542–4 https://pubmed.ncbi.nlm.nih.gov/20424098/

Tobias Becher *et al.*, 'Brown adipose tissue is associated with cardiometabolic health', *Nature Medicine*, 27:1 (2021), 58–65 https://pubmed.ncbi.nlm.nih.gov/33398160/

N. A. Coles, J. T. Larsen and H. C. Lench, 'A meta-analysis of the facial feedback literature: effects of facial feedback on emotional experience are small and variable', *Psychological Bulletin*, 145:6 (2019), 610–51 https://doi.org/10.1037/bul0000194

Dariush Dfarhud, Maryam Malmir and Mohammad Khanahmadi, 'Happiness & health: the biological factors-systematic review article', *Iranian Journal of Public Health*, 43:11 (2014), 1468–77 https://pubmed.ncbi.nlm.nih.gov/26060713/

Barnaby D. Dunn *et al.*, 'The consequences of effortful emotion regulation when processing distressing material: a comparison of suppression and acceptance', *Behaviour Research and Therapy*, 47:9 (2009), 761–73 https://pubmed.ncbi.nlm.nih.gov/19559401/

T. Najafi Ghezeljeh, F. Mohades Ardebili and F. Rafii, 'The effects of massage and music on pain, anxiety and relaxation in burn patients: randomized controlled clinical trial', *Burns*, 43:5 (2017), 1034–43 https://pubmed.ncbi.nlm.nih.gov/28169080/

L. Harker and D. Keltner, 'Expression of positive emotion in women's college yearbook pictures and their relationship to personality and life outcomes across adulthood', *Journal of Personality and Social Psychology*, 80:1 (2001), 112–24 https://pubmed.ncbi.nlm.nih.gov/11195884/

Matthew J. Hertenstein *et al.*, 'Smile intensity in photographs predicts divorce later in life', *Motivation and Emotion*, 33:2 (2009), 99–105 https://link.springer.com/article/10.1007/s11031-009-9124-6

Thea Magrone, Matteo Antonio Russo and Emilio Jirillo, 'Cocoa and dark chocolate polyphenols: from biology to clinical applications', *Frontiers in Immunology*, 8 (2017), 677 https://pubmed.ncbi.nlm.nih.gov/28649251/

Sandra Manninen *et al.*, 'Social laughter triggers endogenous opioid release in humans', *Journal of Neuroscience*, 37:25 (2017), 6152–31 https://pubmed.ncbi.nlm.nih.gov/28536272/

Anthony Papa and George A. Bonnano, 'Smiling in the face of adversity: the interpersonal and intrapersonal functions of smiling', *Emotion*, 8:1 (2008), 1–12 https://pubmed.ncbi.nlm.nih.gov/18266511/

Eiluned Pearce *et al.*, 'Variation in the β-endorphin, oxytocin, and dopamine receptor genes is associated with different dimensions of human sociality', *Proceedings of the National Academy of Sciences*, 114:20 (2017), 5300–305 https://pubmed.ncbi.nlm.nih.gov/28461468/

Lawrence Ian Reed, Rachel Stratton and Jessica D. Rambeas, 'Face value and cheap talk: how smiles can increase or decrease the credibility of our words', *Evolutionary Psychology*, 16:4 (2018) https://pubmed.ncbi.nlm.nih.gov/30497296/

L. Schwarz and W. Kindermann, 'Changes in beta-endorphin levels in response to aerobic and anaerobic exercise', *Sports Medicine*, 13:1 (1992), 25–36 https://pubmed.ncbi.nlm.nih.gov/1553453/

Sophie Scott *et al.*, 'The social life of laughter', *Trends in Cognitive Sciences*, 18:12 (2014), 618–20 https://pubmed.ncbi.nlm.nih.gov/25439499/

Takahiro Seki *et al.*, 'Brown-fat-mediated tumour suppression by cold-altered global metabolism', *Nature*, 608:7922 (2022), 421–8 https://pubmed.ncbi.nlm.nih.gov/35922508/

Nikolai A. Shevchuk, 'Adapted cold shower as a potential treatment for depression', *Medical Hypotheses*, 70:5 (2007), 995–1001 https://pubmed.ncbi.nlm.nih.gov/17993252/

Bronwyn Tarr, Jacques Launay and Robin I. M. Dunbar, 'Silent disco: dancing in synchrony leads to elevated pain thresholds and social closeness', *Evolution and Human Behavior*, 37:5 (2016), 343–9 https://pubmed.ncbi.nlm.nih.gov/27540276/

Bronwyn Tarr *et al.*, 'Synchrony and exertion during dance independently raise pain threshold and encourage social bonding', *Biology Letters*, 11:10 (2015) https://pubmed.ncbi.nlm.nih.gov/26510676/

第六章　睾酮——体验自信与胜利的感受

Coren L. Apicella, Anna Dreber and Johanna Mollerström, 'Salivary testosterone change following monetary wins and losses predicts future financial risk-taking', *Psychoneuroendocrinology*, 39 (2014), 58–64 https://pubmed.ncbi.nlm.nih.gov/24275004/

Zeki Ari *et al.*, 'Serum testosterone, growth hormone, and insulin-like growth factor-1 levels, mental reaction time, and maximal aerobic exercise in sedentary and long-term physically trained elderly males', *International Journal of Neuroscience*, 114:5 (2004), 623–37 https://pubmed.ncbi.nlm.nih.gov/15204068/

Paul C. Bernhardt *et al.*, 'Testosterone changes during vicarious experiences of winning and losing among fans at sporting events', *Physiology & Behavior*, 65:1 (1998), 59–62

Patricio S. Dalton and Sayantan Ghosal, 'Self-confidence, overconfidence and prenatal testosterone exposure: evidence from the lab', *Frontiers in Behavioral Neuroscience*, 12:5 (2018) https://pubmed.ncbi.nlm.nih.gov/29441000/

T. Babayi Daylari *et al.*, 'Influence of various intensities of 528 Hz sound-wave in production of testosterone in rat's brain and analysis of behavioral changes', *Genes & Genomics*, 41:2 (2019), 201–11 https://pubmed.ncbi.nlm.nih.gov/30414050/

Hirokazu Doi et al., 'Negative correlation between salivary testosterone concentration and preference for sophisticated music in males', *Personality and Individual Differences*, 125 (2018), 106–11 https://www.sciencedirect.com/science/article/abs/pii/S0191886917306980?via%3Dihub

David A. Edwards, Karen Wetzel and Dana R. Wyner, 'Intercollegiate soccer: saliva cortisol and testosterone are elevated during competition, and testosterone is related to status and social connectedness with team mates', *Physiology & Behavior*, 87:1 (2006), 135–43 https://pubmed.ncbi.nlm.nih.gov/16233905/

Kaoutar Ennour-Idrissi, Elizabeth Maunsell and Caroline Diorio, 'Effect of physical activity on sex hormones in women: a systematic review and meta-analysis of randomized controlled trials', *Breast Cancer Research*, 17:1 (2015), 139 https://pubmed.ncbi.nlm.nih.gov/26541144/

Hajime Fukui, 'Music and testosterone: a new hypothesis for the origin and function of music', *Annals of the New York Academy of Sciences*, 930 (2001), 448–51 https://pubmed.ncbi.nlm.nih.gov/11458865/

W. J. Kraemer et al., 'The effects of short-term resistance training on endocrine function in men and women', *European Journal of Applied Physiology and Occupational Physiology*, 78:1 (1998), 69–76 https://pubmed.ncbi.nlm.nih.gov/9660159/

Jennifer Kurath and Rui Mata, 'Individual differences in risk taking and endogeneous [sic] levels of testosterone, estradiol, and cortisol: a systematic literature search and three independent meta-analyses', *Neuroscience & Biobehavioral Reviews*, 90 (2018), 428–46 https://pubmed.ncbi.nlm.nih.gov/29730483/

Hana H. Kutlikova *et al.*, 'Not giving up: testosterone promotes persistence against a stronger opponent', *Psychoneuroendocrinology*, 128 (2021) https://pubmed.ncbi.nlm.nih.gov/33836382/

A. B. Losecaat Vermeer *et al.*, 'Exogenous testosterone increases status-seeking motivation in men with unstable low social status', *Psychoneuroendocrinology*, 113 (2019) https://pubmed.ncbi.nlm.nih.gov/31884320/

Gideon Nave *et al.*, 'Single dose testosterone administration impairs cognitive reflection in men', *Psychological Science*, 28:10 (2017), 1398–1407 https://authors.library.caltech.edu/records/5hvnh-78w12

Marty Nemko, 'From Stress to Genes, Baboons to Hormones', *Psychology Today* website (2017) https://www.psychologytoday.com/gb/blog/how-do-life/201702/stress-genes-baboons-hormones

T. Oliveira, M. J. Gouveia and R. F. Oliveira, 'Testosterine responsiveness to winning and losing experiences in female soccer players', *Psychoneuroendocrinology*, 34:7 (2009), 1056–64 https://pubmed.ncbi.nlm.nih.gov/19278791/

Paola Sapienza, Luigi Zingales and Dario Maestripieri, 'Gender differences in financial risk aversion and career choices are affected by testosterone', *Proceedings of the National Academy of Sciences*, 106:36 (2009), 15268–73 https://pubmed.ncbi.nlm.nih.gov/19706398/

Oliver C. Schultheiss, Michelle M. Wirth and Steven J. Stanton, 'Effects of affiliation and power motivation on salivary progesterone and testosterone', *Hormones and Behavior*, 46:5 (2004), 592–9 https://pubmed.ncbi.nlm.nih.gov/15555501/

Maureen M. J. Smeets-Janssen *et al.*, 'Salivary testosterone is consistently and positively associated with extraversion:

results from the Netherlands Study of Depression and Anxiety', *Neuropsychobiology*, 71:2 (2015), 76–84 https://pubmed.ncbi.nlm.nih.gov/25871320/

Rafael Timón Andrada *et al.*, 'Variations in urine excretion of steroid hormones after an acute session and after a 4-week programme of strength training', *European Journal of Applied Physiology*, 99:1 (2007), 65–71 https://pubmed.ncbi.nlm.nih.gov/17051372/

Benjamin C. Trumble *et al.*, 'Age-independent increases in male salivary testosterone during horticultural activity among Tsimane forager-farmers', *Evolution and Human Behavior*, 34:5 (2013), 350–57

Diana Vaamonde *et al.*, 'Physically active men show better semen parameters and hormone values than sedentary men', *European Journal of Applied Physiology*, 112:9 (2012), 3267–73 https://pubmed.ncbi.nlm.nih.gov/22234399/

Sari M. van Anders, Jeffrey Steiger and Katherine L. Goldey, 'Effects of gendered behavior on testosterone in women and men', *Proceedings of the National Academy of Sciences*, 112:45 (2015), 13805–10 https://pubmed.ncbi.nlm.nih.gov/26504229/

Yin Wu *et al.*, 'The role of social status and testosterone in human conspicuous consumption', *Scientific Reports*, 7:1 (2017) https://pubmed.ncbi.nlm.nih.gov/28924142/

第七章　美好生活的基本要素

Julia C. Basso *et al.*, 'Brief, daily meditation enhances attention, memory, mood, and emotional regulation in non-experienced meditators', *Behavioural Brain Research*, 356 (2019), 208–220 https://pubmed.ncbi.nlm.nih.gov/30153464/

Manoj K. Bhasin *et al.*, 'Specific transcriptome changes associated with blood pressure reduction in hypertensive patients after relaxation response training', *Journal of Alternative and Complementary Medicine*, 24:5 (2018), 486–504 https://pubmed.ncbi.nlm.nih.gov/29616846/

Viviana Capurso, Franco Fabbro and Cristiano Crescentini, 'Mindful creativity: the influence of mindfulness meditation on creative thinking', *Frontiers in Psychology*, 4 (2014) https://pubmed.ncbi.nlm.nih.gov/24454303/

Barbara L. Fredrickson *et al.*, 'Positive emotion correlates of meditation practice: a comparison of mindfulness meditation and loving-kindness meditation', *Mindfulness*, 8:6 (2017) 1623–33 https://pubmed.ncbi.nlm.nih.gov/29201247/

Julieta Galante *et al.*, 'Effect of kindness-based meditation on health and well-being: a systematic review and meta-analysis', *Journal of Consulting and Clinical Psychology*, 82:6 (2014), 1101–14 https://pubmed.ncbi.nlm.nih.gov/24979314/

Tim Gard, Britta K. Hölzel and Sara W. Lazar, 'The potential effects of meditation on age-related cognitive decline: a systematic review', *Annals of the New York Academy of Sciences*, 1307 (2014), 89–103 https://pubmed.ncbi.nlm.nih.gov/24571182/

Madhav Goyal *et al.*, 'Meditation programs for psychological stress and well-being: a systematic review and meta-analysis', *JAMA Internal Medicine*, 174:3 (2014), 357–68 https://pubmed.ncbi.nlm.nih.gov/24395196/

Xiaoli He *et al.*, 'The interventional effects of loving-kindness meditation on positive emotions and interpersonal interactions', *Neuropsychiatric Disease and Treatment*, 11 (2015), 1273–7 https://pubmed.ncbi.nlm.nih.gov/26060402/

Stefan G. Hofmann and Angelina F. Gómez, 'Mindfulness-based interventions for anxiety and depression', *Psychiatric Clinics of North America*, 40:4 (2017), 739–49 https://pubmed.ncbi.nlm.nih.gov/29080597/

Felipe A. Jain *et al.*, 'Critical analysis of the efficacy of meditation therapies for acute and subacute phase treatment of depressive disorders: a systematic review', *Psychosomatics*, 56:2 (2015), 140–52 https://pubmed.ncbi.nlm.nih.gov/25591492/

Laura G. Kiken and Natalie J. Shook, 'Does mindfulness attenuate thoughts emphasizing negativity, but not positivity?', *Journal of Research in Personality*, 53 (2014), 22–30 https://pubmed.ncbi.nlm.nih.gov/25284906/

Emily K. Lindsay *et al.*, 'Mindfulness training reduces loneliness and increases social contact in a randomized controlled trial', *Proceedings of the National Academy of Sciences*, 116:9 (2019), 3488–93 https://pubmed.ncbi.nlm.nih.gov/30808743/

Catherine J. Norris *et al.*, 'Brief mindfulness meditation improves attention in novices: evidence from ERPs and moderation by neuroticism', *Frontiers in Human Neuroscience*, 12 (2018), 315 https://pubmed.ncbi.nlm.nih.gov/30127731/

David W. Orme-Johnson and Vernon A. Barnes, 'Effects of the transcendental meditation technique on trait anxiety: a meta-analysis of randomized controlled trials', *Journal of Alternative and Complementary Medicine*, 20:5 (2014), 330–41 https://pubmed.ncbi.nlm.nih.gov/24107199/

Kim Rod, 'Observing the effects of mindfulness-based meditation on anxiety and depression in chronic pain patients',

Psychiatria Danubina, 27:1 (2015), 209–11 https://pubmed.ncbi.nlm.nih.gov/26417764/

Amit Sood and David T. Jones, 'On mind wandering, attention, brain networks, and meditation', *Explore*, 9:3 (2013), 136–41 https://pubmed.ncbi.nlm.nih.gov/23643368/

Yingge Tong *et al.*, 'Effects of tai chi on self-efficacy: a systematic review', *Evidence-Based Complementary and Alternative Medicine* (2018) https://pubmed.ncbi.nlm.nih.gov/30186352/

其他

Rinske A. Gotink *et al.*, '8-week Mindfulness Based Stress Reduction induces brain changes similar to traditional long-term meditation practice: a systematic review', *Brain and Cognition*, 108 (2016), 32–41 https://pubmed.ncbi.nlm.nih.gov/27429096/

Niklas Joisten *et al.*, 'Exercise and the kynurenine pathway: current state of knowledge and results from a randomized cross-over study comparing acute effects of endurance and resistance training', *Exercise Immunology Review*, 26 (2020), 24–42 https://pubmed.ncbi.nlm.nih.gov/32139353/

Kyle S. Martin, Michele Azzolini and Jorge Lira Ruas, 'The kynurenine connection: how exercise shifts muscle tryptophan metabolism and affects energy homeostasis, the immune system, and the brain', *American Journal of Physiology–Cell Physiology*, 318:5 (2020), 818–30 https://pubmed.ncbi.nlm.nih.gov/32208989/

Bernadette Mazurek Melnyk *et al.*, 'Interventions to improve mental health, well-being, physical health, and lifestyle behaviors in physicians and nurses: a systematic review', *American Journal of Health Promotion*, 34:8 (2020), 929–41 https://pubmed.ncbi.nlm.nih.gov/32338522/

Jodi A. Mindell *et al.*, 'A nightly bedtime routine: impact on sleep in young children and maternal mood', *Sleep*, 32:5 (2009), 599–606 https://pubmed.ncbi.nlm.nih.gov/19480226/

Joyce Shaffer, 'Neuroplasticity and clinical practice: building brain power for health', *Frontiers in Psychology*, 7 (2016) https://pubmed.ncbi.nlm.nih.gov/27507957/

H. Vainio, E. Heseltine and J. Wilbourn, 'Priorities for future IARC monographs on the evaluation of carcinogenic risks to humans', *Environmental Health Perspectives*, 102:6–7 (1994), 590–91 https://pubmed.ncbi.nlm.nih.gov/9679121/

Patrice Voss *et al.*, 'Dynamic brains and the changing rules of neuroplasticity: implications for learning and recovery', *Frontiers in Psychology*, 8 (2017) https://pubmed.ncbi.nlm.nih.gov/29085312/